精简生活

整理术

张丹—————著

侯文茹—————绘

国家一级出版社　中国纺织出版社　全国百佳图书出版单位

内 容 提 要

　　本书针对日常生活中的整理收纳问题，从衣、食、住、行等几个方面介绍了一些符合中国人习惯的精简生活整理术。内容涵盖最基本的规划、整理、收纳方法，其中包括衣服、书籍文件和小物品的规划、整理和收纳，玄关、客厅、卧室、儿童房等各房间的规划、整理和收纳，办公出行活动的规划、整理和收纳及老前整理等。

图书在版编目（CIP）数据

　　精简生活整理术 / 张丹著；侯文茹绘. --北京：中国纺织出版社，2019.8（2019.8重印）

　　ISBN 978-7-5180-5680-4

　　Ⅰ. ①精… Ⅱ. ①张… ②侯… Ⅲ. ①家庭生活—基本知识 Ⅳ. ①TS976.3

　　中国版本图书馆CIP数据核字（2018）第264284号

策划编辑：刘 丹　　责任校对：江思飞　　责任印制：储志伟

中国纺织出版社出版发行

地址：北京市朝阳区百子湾东里 A407 号楼　邮政编码：100124

销售电话：010—67004422　传真：010—87155801

http://www.c-textilep.com

E-mail：faxing@c-textilep.com

中国纺织出版社天猫旗舰店

官方微博 http://weibo.com/2119887771

北京通天印刷有限责任公司印刷　各地新华书店经销

2019 年 8 月第 1 版　2019 年 8 月第 2 次印刷

开本：880×1230　1/32　印张：7

字数：150 千字　定价：49.80 元

已经不记得是在哪里第一次遇到 Coco 了。但是不管是第一次还是后面很多次，她都是一个亲切、温暖、靠谱的人，这样的印象标签一直在我心中停留了很久。

关注 Coco 的微信公众号，时常看她发的文章，常常会感觉到她写的东西细致、严谨、可操作性非常强。在整理界，每个人都有自己的个人风格，如果说 Coco 的个人风格，我推测作为她的读者和客户一定能强烈地感觉到她给你带来的放心、妥帖的感觉。她为客户做整理，她来教客户做整理，整个过程就是很靠谱。

这本书浓缩了 Coco 这些年整理的实践与思考，我在阅读书稿的时候体会到本书的几个优点。

第一，这本书里面非常细致地介绍了生活中衣、食、住、行各个方面的整理收纳方法，一如既往地具有很强的实操性。

第二，Coco 将规划置于整理原则之前，以更大和更清晰的视角来指导生活，使得整理收纳的方法并不是简单地围绕物品、空间和家具，而是服务于生活。

第三，在叙述的过程中逻辑清晰，语言简洁有效，配图的直观性也很强，还给予了大家很多她自己行之有效的经验和例子。

如果你正面临整理的问题，相信让这一本书来陪伴和指导，你会度过一个愉悦的整理过程，收获一个整齐、清爽的家。

中国规划整理塾联合创始人　敬子

2019 年 3 月

规划带来精简生活

极简主义真的适合你吗

最近一段时间，Coco一直在看关于极简主义的书，也参加了一个极简主义的群，还和两位极简主义博主一直在互动。但是，经过反复思考讨论，我感觉，极简主义不适合目前的我，可能也不适合大部分朋友。

提出这样的疑问，原因如下：

①没有极繁何来极简？美国、日本的极简主义根基正是来自于物质应有尽有的大背景；我们的经济还在发展中，虽然现在大家都在消费升级，但距离极简主义还有一段很长的路要走。

②国情不同：类似日本的便利店、自动贩卖机，目前我们全国各地还有很多地方不能实现。如果楼下就有菜市场和超市，需要什么新鲜食材都能马上买到，相信谁也不愿意囤一堆东西在冰箱里。

③地区不同：生活在昆明或者三亚的朋友，感觉极简起来应该比生活在北京的要容易很多。毕竟昆明四季如春、海南大多数时候很热，有一两件厚外套也可以过冬。可是北京人民就不行了，冬天零下一二十度你得有羽绒服吧？夏天三十多度你还得有短衣短裤吧？

④男女有别：不知道大家有没有注意到一个事实，就是目前国外比较有名的极简主义者大部分是男性。我闺蜜一针见血地指出，男的和女的能一样吗？这还真不是性别歧视，男生可以省略的分类太多了。比如，乔布斯能一直穿 T 恤和牛仔裤，就算我不穿裙子，胸罩（Bra）还是要有的吧？比如彩妆，就算你再省略，也得有个粉底或者至少有支口红吧？澳洲的极简主义者托尼（Tony）四年只穿一双鞋，这个对于女生来讲，是万万做不到的啊。

精简主义

经过认真思考，我最终决定选择精简主义的生活。

精简主义：东西少而精，确保物品高质量、低数量。

精简工作：设定自己的人生目标，找到自己热爱的工作，然后不断为之努力。我很幸运找到了整理这个既可以帮助别人又可以养活自己的工作。

精简时间：为学习、为与家人朋友相处的时间做加法，为不必要的交际和应酬做减法。

精简空间：规划好家里的各个功能分区，让小房子住出大宅子的感觉。

精简物品：规划好物品的种类和数量，选择自己需要的，不被潮流带着乱跑。

为了达到这一目标，我在生活中全面引入规划的概念，做任何事情之前都谋定而后动，先规划好方案再进行，果然有事半功倍的效果。

对于大多数人来讲，一生中最贵的有形资产恐怕得属房子，所以我们先从房子和物品来入手进行规划。下面就和大家简单分享一下家庭规划的几个原则。

规划四原则

Coco 总结了规划的四个原则分别是时间和阶段、功能分区、物品的种类和数量、定位。

规划原则之一：时间和阶段

从时间上来看，不同的阶段、不同的需求会直接影响家的布局。

我们每个人都是来自原生家庭，然后可能单身一段时间或者直接进入二人世界，之后有了多口之家，因为随着孩子而来的一般还有老人或者阿姨。但等到孩子上学、成家之后，又会慢慢地拥有二人世界甚至再独居。如何让同一套房子做到可以尽量满足我们人生不同阶段的不同诉求，这才是最重要的问题。所以，规划的第一步就是：你一定要先搞清自己正处于人生的哪个阶段，这套房子大概会陪你走到人生的哪个阶段。

规划原则之二：功能分区

我们把和家人每天要做的事总结一下，大致有 10 件。尽量为每件事固定一块明确的区域。

功能	具体内容	常规分区	理想分区
吃	吃饭	餐区	餐区
	吃水果	茶几	
	吃零食	茶几	
喝	喝水	餐区	水吧
	喝茶	茶几	
	喝咖啡	餐区	
	喝酒	餐区	
拉撒	嘘嘘、拉臭臭	浴室	单独如厕间
睡	睡觉	睡眠区	睡眠区
玩	玩玩具	客厅	娱乐游戏区
	玩游戏	书房	
学	学习、工作	书房	学习工作区
洗	洗脸刷牙	浴室	洗漱区
	淋浴泡澡	浴室	浴室
穿	穿衣服	衣柜	穿衣区
	穿鞋	玄关	穿鞋区
家务	做饭	厨房	中厨区
	洗衣服	阳台	洗衣区
	清洁	浴室	家务区
锻炼	跑步	跑步机	健身区
	瑜伽	客厅	

当然，也许上述功能你并不是每个都需要，也可能你家还有新的功能可以增加。但无论如何，我们的方法论基本还是一样，都要根据自己家庭的需求在装修前把主要功能区域明确出来，以保证今后的生活更舒服。

如果你已经入住，没法拆墙破壁，也可以根据目前最急需满足的需求进行小小的优化，一样可以让生活更美好。

规划原则之三：物品的种类和数量

如果你已经完成了房屋的阶段规划和功能分区，那么接下来就可以尝试对物品的种类和数量进行规划了。

女生到底需要多少套衣服？虽然答案因人而异，但你知道吗？有21套衣服就足够了！这还是针对每天需要换衣服的上班族女士。

《欢乐颂》里安迪说过，女生的衣服其实不需要太多变化，每季7套，一周不重样即可。以四季分明的北京来说，夏季7套、春秋7套，冬季的7套完全可以规划成大衣、风衣、长羽绒服、短羽绒服、超薄羽绒服、冲锋衣和棉服。换句话说，你有21套衣服的话，一年四季就够穿了。

规划好衣服的种类和数量，然后再按这种方法去管理家中的其他物品。牢记"如非必要，不增实物"。

这倒不是不让你只赚不出，而是你可以花更多的钱买更好、更需要的东西。毕竟，大家都有相同的心理，更好、更贵、更难得的东西你也一定会更爱、更常用、更珍惜。这也正是精简生活的主张。

但如果你说：我就是个网购少年，实在放不下鼠标点点、快递滚滚来的快感，怎么办？在这里提供一个小窍门，那就是 —— 买吃的！最好是健康的蔬菜水果，吃完就没，过瘾不占地儿，还有利于身体，一举多得。

其他实体类物品请务必遵循"进一出一"的原则。

规划原则之四：定位

在你明确了房屋的使用阶段、划分好了空间内各个区域的功能，并明确了每个区域内物品的数量后，你还需要通过定位，让它们一直待在自己该待的地方。这样你找东西方便，物品归位也方便。所以，要想持续打理好一个家，就一定要做好物品的定位。

定位的终极目标是让每一类东西有固定的区域，最后达到每件物品都有自己固定的位置。

这个工作有点类似于你是一个快递员，如果要送快递到客户家，必须清楚客户家的地址，细致到国家、城市、小区和门牌号。

如果你能够好好规划，慢慢地，物品就会少而精，你也可以如我一样，轻松拥有自在的精简生活。

最后，感谢宜家（中国）的朱迪（Judy）对本书部分照片的支持。

张丹（coco）

2019 年 3 月

目 录

物品篇

房间篇

办公、出行篇

物
品
篇

衣服的整理术

01　其实你只需要21套衣服

　　从面向女性用户做出的各项整理主题调查问卷的结果来看，与整理相关的烦恼里，衣柜这个关键词的出现频率明显最高。很多女生在解决家里衣服多且乱的问题时，第一个想到的办法就是增加衣柜，但毕竟家里的空间是有上限的，所以我们最先要帮大家解决的问题就是打造四季衣橱，过上不换季的生活。

　　想要规划好衣柜就要先规划衣服的数量与种类。在开始动手之前，我建议大家问自己一个问题："一个正常的上班族女士，需要多少套衣服才能满足日常工作与生活的需要？"

　　同样的一个问题，我在线下做讲座的时候也问过，得到的答案有"10套""50套""100套"……

　　其实这个问题因人而异，不同的职业对此会有不同的答案。比如说在时尚类媒体公司或相关产业工作的姑娘们确实需要更多的服装，毕竟每天都不能输给隔壁的"琳达（Linda）"，而这也是对自己工作与客户的尊重。对于个别践行极简主义的同学，可能10套衣服真的就够了。

　　但今天既然我们要谈规划，我就斗胆给大部分上班族女生一个建议——"21套衣服就够了！"你肯定会说"不可能"，别急，听我慢慢道来。

　　有一段时间，我在外企每天连续工作11个小时以上，压力特别大。当时我的减压方法就是网购，衣服买的多了，怀孕的时候可以连续60天换不同的造型。除了买衣服的钱之外，洗涤、晾晒、收纳都花了不少的时间和精力。

　　第一次看《欢乐颂》的时候，剧中的安迪和樊胜美讨论衣服的问题，安迪说："我不需要那么多的搭配，我只需要一季7套就够了。"我当时就算了一下，一季7套，四季28套，北京春秋天可以合并，21套就够了！如果我能早点明白这个道理，能省下多少钱啊。

为了让大家不再重蹈我的覆辙，我和大家分享一下上班族女士的服装规划。

想规划好衣柜，先规划好衣服的种类与数量

虽说女生总是因为觉得衣柜里面缺一件衣服而不停地买买买，但其实大部分人应该和我一样不知道自己缺的是哪一件。

衣服规划其实特别简单：

首先，想想周一到周五上班需要穿什么衣服？套装类、商务休闲类还是休闲类？

● 套装类：好像目前大部分公司都不再要求这么穿，除了满街的房屋中介。

● 商务休闲类：这应该是目前多数公司的普遍着装风格，基本上衬衫、Polo衫或者稍微正式一点的女装就可以过关了。

● 休闲类：无领 T 恤、牛仔裤……在互联网公司、广告公司（不见客户时）比较常见。

想清楚一周 5 天上班穿什么之后，再搭配周末的休闲装，你的衣柜也大致能确定了。

其次是数量，这个已经说过了，每季 7 套一周不重样就可以，如果你喜欢两周甚至一个月不重样也随你，但衣柜也会随之变大。

一季 7 套（4 套正装，3 套休闲装，因为有很多公司周五可以穿休闲装），一年有四季，但实际上春秋可以合而为一，所以即使在北京这样四季分明的城市，21 套衣服也足够应付上班需要了。而且因为冬天

其实里面可以穿春秋的衣服，冬季这7套可以包括风衣、羊绒（毛）大衣、长羽绒服、短羽绒服、冲锋衣、夹克和棉服（中式西式随你选）。

最后，请考虑特殊场合。为婚礼、年会、面试等特殊场合预备几套衣服，以备不时之需。

当然，每个女生的衣柜里都还会有内衣、内裤、袜子、睡衣、家居服等贴身衣服，这些大家也可以规划好，比如 N 件文胸、N 条内裤，N 的数量你来决定就好。

这样，一个精简又实用的衣柜就搞定了。

本图是根据每季7套从周一到周日做的推荐，供读者参考。顺序横向是从夏季、春秋季到冬季，纵向是从周一到周日。冬季的外套类衣服大家可以根据天气自行添加，未来大家可以根据自己的喜好进一步优化搭配。

02 衣柜，一辈子整理一次就够了

打造四季衣橱过上不换季生活，这个理想目标的第二步必然要进入整理衣服的环节。

虽然我们已经规划好了理想衣橱的容量，但可惜理想很丰满，现实很骨感，一个无法逃避的问题就是我们现在的衣服怎么办？所以，现在就一起来整理一下自己的衣橱吧。

选择一个周末的早上，自己一个人，在床上铺张床单，开始动手吧。整理过程大约需要几小时，但如果你认真对待，你的生活将从此与众不同。

你可能会惊讶于自己居然有这么多衣服，该如何整理呢？

推荐四个方法：心动法、递进选择法、五步法和四分法。

心动法

心动法是日本的整理师近藤麻里慧提倡的，也是最简单的。拿起一件衣服，感受一下自己是否怦然心动？如果是，就留下，不心动的就丢弃。

递进选择法

这个方法适合不太容易找到怦然心动感觉的朋友。

首先，我们问自己，如果我只能选10件衣服，剩下的都不能要，我会选哪几件?

当然,这只是一个游戏,但它能让你明白自己的标准和喜好。

通常大家都会选出 10 件自己特别喜欢的衣服,或者是一条穿上之后人人称赞的美丽裙子,或者是一件让自己在面试或会议等场合显得特别端庄的外套,也可能是自己穿着非常舒适的家居服。总之,这 10 件衣服都是你的心头好,你的最爱。

然后以此为标准,将你所有的衣服一件一件检查。最后的目标是留下大约 30 套的外出衣服,记得是夏季 7 套、春秋 7 套、外套 7 套,再给特殊场合留几套。如果真的只有 30 套的话,1 个宽度一米的衣柜就能装下了。(我的衣柜就是这样)

当然根据我对你们的了解,有可能你留下的不止 30 套,可能是 50套甚至更多,那就麻烦看一下衣柜的容量是否足够。如果不够,可以根据房子空间情况看是否能添加衣柜或者分季节存放。

五步法

>>

方法三是五步法,我简单总结为:看、想、问、穿、拍。

一看:对着光仔细查看,如果衣服上有污渍或者破洞,能洗的洗、能修的修,没得救了就不要了。可以补救的放到一个袋子里尽快送洗衣店修补,别混在一起又忘了。

二想:拿起一件衣服,想想上一次穿它是在什么时间,如果时间已经 1 年或者 2 年以上,基本以后你也不会穿,像这样的衣服也可淘汰。

三问:如果还是拿不定主意,也可以问问自己,"明天如果天气合适,出门我会穿这件吗?"如果不会的话,继续问问是为什么。

四穿：还有拿不定主意的就试试，看看衣服是不是依然适合你现在的身材与气质。

五拍：穿了之后还是不知道，就拍照给衣品好又毒舌的闺蜜看看，相信你很快会有答案的。

四分法

如果说心动法是理想主义，四分法则是在理想和现实之间找到了平衡。

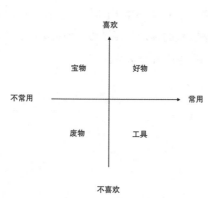

四分法指根据喜欢和常用与否把物品分成四类，喜欢又常用的衣服一定要放在最好拿、好放的区域；反过来，既不喜欢又不常用的物品要尽快把它们流通掉；有一些喜欢又不常用的小礼服、沙滩裙之类的则好好收起来，需要用的时候能拿到就好，但这类衣服不宜过多；如果有一些衣服不喜欢但是经常穿的，也简单，列到购物清单上，有机会把它们换成喜欢又常用的就好啦。

扫尾工作

在用上面四个方法完成筛选之后，会剩下很多不心动、不喜欢也不常用的衣服，我的建议就是——都不要！都不要！都不要！

有人会问你是不是太败家了？非也非也！我们来算算账，北京的房子一平方米怎么也要五六万元了吧，如果你留着一堆既不喜欢又不穿的衣服，占了这一平方米，那真的是极大的"犯罪"啊。你可以想想，这些衣服新买的时候是多少钱，更何况现在旧了、贬值了，除非它们都是 Chanel 外套，否则肯定比房价低好多。让不值钱的物品占据你家宝贵的一平方米空间，显然是不划算的！释放出空间给家人，让不用的物品去流通，才是不败家的王道。

你可千万别说那些不喜欢的衣服会留着在家穿，事实上，正经的家居服还穿不过来呢。

如果你能认真地整理一次，相信成果一定很显著。因为我们差不多会扔掉三分之一左右的衣服。

我的一位客户经过整理之后决定舍弃部分衣服，最后足足有 7 大袋衣服离开了她的衣柜。

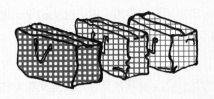

认真整理之后的一个最大好处就是，你不会再冲动地随意买买买了，毕竟扔掉很多衣服你也会心疼，之后再买衣服也会谨慎很多。而且随着整理的深入进行，你的判断能力会大大提高。比如现在，我很快就会发现某件衣服是不是我需要的。去年一年我只买了 10 件衣服，同样的预算之下，每件衣服的品质更高了。

03　两米衣柜就能装下你所有的衣服

这是我们打造四季衣橱过上不换季生活的第三步，两米宽的衣柜就能装下你所有的衣服，前提是你的衣服不是特别多（200~300件）。

你一定会觉得不可能！没关系，花5分钟，听我——道来。

衣柜规划

宜家根据中国女性平均身高和使用习惯，推算出1.8米左右的衣柜挂杆高度最适合中国女性。我自己实测过，如果是这个高度，我站在地上不用踮脚就可以拿取衣服。

这样1米的衣柜从上至下纵向就可以分成三个区域。根据使用的频率分为不常用、最常用和次常用，对应的功能分区就是储存区、悬挂区和折叠区。

上部：储存区。高于挂杆的部分，推荐搁板＋收纳袋/百纳箱的设计。收纳袋或百纳箱最好选有拉手的，用的时候也不用搬梯子了。这部分可以用来收纳第二类喜欢却不常穿的衣服或者换季时收纳秋冬的羽绒服和棉服等。

中部：悬挂区。用挂杆＋衣架将常用的衣物挂起来，这部分可以用

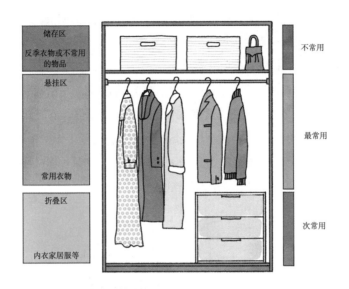

来收纳四分法中经常穿的衣服。

　　底部：收纳区。用抽屉＋站立折叠法收纳不需要悬挂的衣服，如袜子、内衣以及家居服等。如果悬挂的衣服比较多，也可以把休闲类的衣服如 T 恤、打底衣物、运动服等周末穿的衣服收在抽屉中。

衣柜改造

　　我知道大部分人的衣柜和我的不一样，所以，你可以改造衣柜或者重新买一个。

　　但不管怎样，作为已经为 100 多名客户提供了咨询服务的专业整理师，我的建议就是：合理增加悬挂区、拆掉腰部以下的搁板。现在都市生活忙碌，回家以后，大家需要更好地"懒"。有了悬挂区，我们就能实现从晾衣架直接拿到衣柜的无缝对接。

至于拆搁板，请看下图衣柜（改造前），搁板区，一拿就乱，找衣服不方便。最下面一个更是要趴在地上才能够到里面，请问谁没事会在家里这么玩？反之，拆掉搁板变成抽屉后，按有领T恤、无领T恤、家居运动、休闲裤分类并站立折叠后，好拿好找。如果你喜欢悬挂，也可以花几十元买一个挂杆改造成悬挂区。

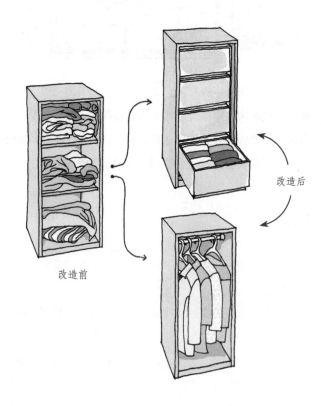

改造前

改造后

衣服收纳

如果你有两个衣柜，可以按衣物的长、短来划分用途，或者按季节来做区分。我更推荐后者，这样不同的季节用不同的衣柜，更加方便收纳与换季。我的规划图供大家参考。

包包和帽子放在上面，更好地利用空间的同时也便于和衣服搭配。然后就简单了，能挂的挂，不能挂的叠起来。

下图是我最新改造后的 1 米衣柜。

上面的储存区收纳了冬天的羽
绒服和棉服等换季衣物。

中间的悬挂区轻松地挂了
51 件衣服。

底部的抽屉区左侧放各种
裤子，右侧放内衣、袜
子、家居服等小物品。

　　考虑到空间有限，我把衣柜的柜门区最大化地利用起来了。左侧是
小饰品收纳袋、右侧是丝巾收纳袋。穿什么衣服配什么饰品找起来都特
别方便。抽屉上面的收纳盒可以放临时换下来还不需要马上洗的衣服。
　　在实际操作中，发现帽子和包包放在玄关更方便。因为衣服不多，
所以右侧的抽屉还可以放内衣、袜子等小物品。

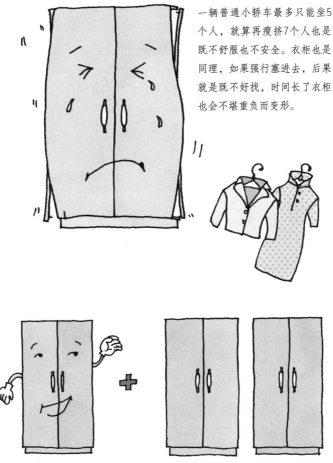

一辆普通小轿车最多只能坐5个人，就算再瘦挤7个人也是既不舒服也不安全。衣柜也是同理，如果强行塞进去，后果就是既不好找，时间长了衣柜也会不堪重负而变形。

如果衣服确实比较多，也尽量通过多折叠的方法，把休闲裤、牛仔裤、T恤、运动服等不怕皱的衣服折叠起来。但还是装不下，又不愿意减少衣服，也只能增加衣柜。

04 一二三四五，鞋柜理清楚

相对于复杂的衣柜来讲，初次接触整理的朋友们也可以从鞋柜开始练手，毕竟鞋比衣服多的女生我还没怎么见过。你只需要30分钟就能学会一种名叫五步整理法的技能，时间短，见效快。

五步整理法

五步整理法，特别适合那些没有决心和行动力的同学。

五步就是"平铺、整理、分类、计算、归位"。简单说一下，这个比较适合针对具体空间、具体物品进行整理。

以鞋柜为例，取出所有鞋柜里的物品，平铺在地上，类似菜市场卖菜的感觉。

旧了、坏了、不舒服、不想穿的，可以直接扔掉。

留下的鞋子再按人、季节、类型分类。

　　比如先按爸爸、妈妈、孩子的鞋分一个大类，然后妈妈的再按冬鞋、春秋鞋和凉鞋分开。有需要的话也可以把春秋鞋再按有跟、无跟分开。

计算环节：女鞋的宽度一般在 20 厘米左右，男鞋一般是 25 厘米左右。所以宽度 1 米的鞋柜一排女鞋放 5 双，男鞋是 4 双。

　　根据鞋柜的大小决定能留在鞋柜里鞋的数量，比如当季的放在鞋柜里，非当季去储藏室。当季装不下的也可以去第二储藏地点，但往往这些鞋就会长期潜伏下去，甚至被你彻底遗忘。

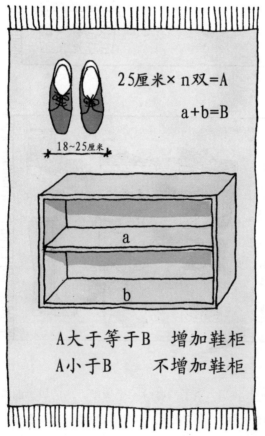

25厘米× n双=A

a+b=B

18~25厘米

a

b

A大于等于B　增加鞋柜

A小于B　　　不增加鞋柜

可以根据鞋配鞋柜，看看是否需要更换新鞋柜。

最后一步是归位，整理后放好位置，最好写个标签。脱下的鞋散味之后，及时回归原位。

你究竟需要多少双鞋

这个问题，每个人的答案是不一样的。如果是《欲望都市》的凯莉（Carrie），估计答案是多多益善，毕竟她爱鞋如命。

但对于一般的上班族女士来说，鞋子不像衣服，需要每天都换不同的，一个季节中同一用途的鞋子至少有两双换着穿应该就不算失礼了。海淘达人俄勒冈七姐给的答案我觉得很经典：14双鞋就可以覆盖各种场合。

基本原则：

①不同场合有不同的鞋。

②买就买经典款。

③同一用途的鞋买两双换着穿，鞋也需要休息。

以我个人为例：

①冬天：UGG两双，主要是户外，室内暖和还可以穿春秋的鞋，因为UGG真的不好搭衣服。

②春秋：一双斯图尔特·韦茨曼（STUART WEITZMAN）5050 配一双半靴，"5050"实在太长，天天穿也有点儿费劲。

③商务和出差：菲拉格慕（Ferragamo）、蔻依（Chole），还有罗杰·维维亚（Roger Vivier），著名的方扣款鞋子。

④运动爬山：专业的跑鞋推荐亚瑟士（Asics），还有流行的小白鞋。

⑤海滩：卡骆驰（Crocs）和哈瓦那（Havaianas）之外，梅丽莎（Meliessa）也有不少粉丝。

⑥开车：迷你唐卡（MINNETONKA）、托德斯（Tod's）、汤姆（Toms）都好穿，汤姆国内都开店了，价格也还合理。

⑦重大场合：推荐周仰杰（Jimmy Choo）和马诺洛·伯拉尼克（Manolo Blahnik）。

鞋柜万万千，哪款好用

一提起鞋柜，小伙伴们纷纷欲哭无泪。你通常看到的鞋柜是不是都是这样的？看起来挺美对吧？

如果是平跟鞋或者女鞋还好，但如果是高跟鞋或者男鞋，还有可能发生放不进去的悲剧。

　　而且这个设计虽然省地、价格也不贵，但只能放8双鞋。我其实特想抓住设计师大人问一下"请问你家有几口人？每个人都只有两双鞋吗？"

宜家能提供的鞋柜也都是类似的样子，占地不大，但装不下几双鞋。但也有两个例外，一个是由帕克思衣柜改造的鞋柜，还有一个是汉尼斯双门鞋柜。这样一组鞋柜，费用（不加门）只要1100元，应该说至少没有宰你。

1米宽的鞋柜轻松收纳了59双鞋，还包括3双靴子。
如果包包多的，也能一起收了。

帕克思衣柜改造的鞋柜

汉尼斯双门鞋柜
作为单品价格最高的鞋柜，能最多放16双女鞋，还贴心地自备了一个小抽屉，可以用来收纳出门要用的钥匙、钱包、手机。

买鞋柜最关键的看一点，就是有没有排钻孔。特别是女生的鞋，高的高、低的低，有了排钻孔我们才能榨干每一寸空间。（土豪们见笑，北京不易居，换房子恐怕要等下辈子了）

鞋凳：即使有了鞋柜也强烈建议配一个鞋凳，一是刚穿完的鞋需要通风散味再收进柜子。二是家里就算没有老人孩子，坐着穿鞋会舒服很多。三是包包或者买的东西可以有个地儿临时存放一下。

书籍文件的整理术

05　书山有路"理"为径

　　曾经有一个记者去金庸先生家拜访后提到金庸先生的书房是三面到顶的书架，完全是坐拥书城的感觉。这绝对是每个爱书人的梦想吧！可惜生活更多的是眼前的苟且，在北上广有一套三居室已经算是难得，一旦小朋友出生加上老人入住，一间独立的书房就变成了奢侈品，更不要说藏书万册了。所以，接下来，我们就来聊聊书籍的整理。

我和书的故事

　　受老爸的影响，我从小就是个爱书的人，也听说过很多藏书家"黄金散尽为收书"的故事。对于书籍，我似乎有一种本能的崇拜和珍惜，总觉得书怎么能扔呢，那可是最最宝贵的财富。因为这个想法，六年前我接触到了改变人生的一本书《怦然心动的人生整理魔法》的时候，虽然扔掉了七大箱衣服，但对于书籍还是无法认真地进行整理。偏偏我家先生比我更爱书，而且因为之前的传统媒体从业经历，家里各种杂志也特别多。

我们自己设计了第一套房子的书房，整整一面墙的书架，宽度4米，高度3米，底部几格的高度适合放置大16开的杂志，上面适合收纳32开的图书。

前两年搬家的时候，搬家公司的大哥看了我家书房都要哭了。最后，这些书足足装了一卡车。他们走了，面对着满满一走廊需要拆包安放到书架上的书，我哭了。

虽然总觉得书是自己的"命"，但这次我痛下决心——不要"命"了。于是，我开始整理书籍，最后足足处理了一千多本书。而且在这个过程中，我发现自己最喜欢、最心动的居然都是整理类的书籍。由此，我发现了自己的兴趣所在，开始投身于整理，并最终以此为自己的新职业。看来整理物品不仅仅是扔东西这么简单，它还是一个认识自己、了解自己的很好方式。

你是否需要这么多书

不管你有多少本书？我们都先放到一边，先静静地想一想。

①如果房子着火了，跑出去之前你最想拿的东西是什么？

②你最喜欢的书是哪几本？你最多读过几次？

③最近三个月，平均下来你每个月读了几本书？

然后来看看答案吧。

第一道题的答案其实就是你的价值观，也就是什么东西对你最重要。

我和我老公的答案特别一致，就是带着孩子和老人跑出去，当然这也反映了我们家没什么值钱的东西，最值钱的就是人了。

但应该没有人会在逃生的时候带上书，因为遇到火灾的时候大家即使拿也会拿值钱的东西。一般书本身的价值不会高过其他贵重物品，它的价值更多的在于精神世界。

对于像我一样的普通人，通常最喜欢的书不会超过 100 本，因为这里面有个"最"字。除了课本、教材类的书籍，很少有会被打开十次以上的书，如果真的能够超过十次的话，基本上也都能背下来不少了。在智能手机的冲击下，我们读书的时间和数量也大为减少，据说现在很多人一个月都读不完一本书。

再看看家里藏书的数量，看看有多少本未读的书？或者没有读完的书？在下次买书之前，先把这些书读完吧。其实你真正喜欢、会一读再读的书并不是很多，可是我们几乎每个人家里的书柜都是满满当当。

现有的书籍如何整理

你可以尝试心动法，先找个地方，把你所有的书全部取出来，一本一本地平铺在上面。每打开一本书，问问自己是否会为之心动？诀窍是不要打开翻阅，只看封面就好。

我当时的方法特别简单粗暴，就是问自己以后会不会看，需不需要给儿子留着，按照这个原则，几百本书被第一轮筛掉了。首先被抛弃的是美容美体类图书，拥有美容知识不等于拥有美丽，锻炼反而能让我们变美，现在手机上的健身 App 软件就非常方便；烹饪类，有下厨房一个 App 就够了；育儿类图书，娃已经长大了，转送有需要的朋友；各种亦舒、张小娴的书……估计儿子长大也不会看，反正网上也一搜一大把，直接送人；留下来的都是经典，比如《红楼梦》《西游记》，还有我觉得将来儿子会爱看的《哈利波特》和《福尔摩斯探案集》。

不知道大家有没有想过，书和食品的根本区别在哪里？我觉得就是上面没有保质期。过期的食品大家都不会吃，担心吃了会闹肚子，书籍因为没有保质期，大家会觉得可以永久留存。但流行文学特别是小说，往往不耐读，冲动之下买了之后有的简直是上当。悬疑小说更不用提，《达·芬奇密码》够悬疑吧？看一次就记住答案了。在很多次上门整理的过程中，最先被我和客户丢弃的就是《盗墓笔记》《鬼吹灯》之类的快餐书籍。像《明朝那些事儿》还可以给小朋友读，好歹里面满满都是历史知识。重要的一点就是，其实这些书也完全可以找到电子版本。我要是对自己狠一点，也可以全部不要。

未来的书籍如何购买

如果你近期有购书计划，我强烈建议按如下程序操作。

第一步，先去看一下有没有可以在线阅读的电子书。

第二步，如果看了电子书觉得特别喜欢，未来一生都要收藏的，你可以再去买纸质版。

千万不要一时冲动搬回家一堆书，然后没时间细读，让它们在那里落满灰尘。北京的房屋均价已经 6 万元一平方米了，相信我，能买好多书。

留下的书籍如何收纳

如果在你家中的每个人都有自己的藏书，建议可以在书架上按人分层或者分区，在这个级别下，每个人的书再按类别分。

如何分类？最简单的方法就是可以按工作、学习、兴趣、工具等大致分一下就可以，如果你家的书籍很多也可以参考书店或者图书馆的分类方法。

整理和分类之后，我们再根据书籍的数量和类别选择合适的书柜。比较常见的书柜，如宜家的毕利系列，另一款理想的产品是卡莱克系列。要选择其他品牌的书架也完全没问题，只是要注意一下每一层的高度。如果书多空间小，尽量选择搁板可调节的，用来压榨每一寸空间。

宜家毕利系列

宽度有40厘米、60厘米、80厘米三种，其中宽度为80厘米的那款不适合用来放置过重的图书，否则时间长了容易变形。

宜家卡莱克系列

承重能力比较理想，价格也比较合理。

读书角

我家小朋友自小喜欢读书，所以我用了两个书架组成L型，配上一把小椅子就成
了一个小小的读书角。

06　终结找东西恐惧症之文件篇

在整理收纳方面，我和我先生的遗传基因都不太好。我妈妈曾经在家里找一份保单找了好几年，我婆婆更是因为把户口本存放得过于隐蔽导致最终只好补办一个才算了事。在没有学习整理之前，我最害怕的事情之一就是我先生问我："你看到我的××了吗？"之前家里东西的收纳没有条理，找一件东西要找好久还不一定找得到，以至于每次他一提找东西我就恐惧症发作，具体表现是头疼、心跳加速、暴躁。尤其是重要的文件或者证件，每次急着要用时催着我去找，真的是杀心顿起啊……

而今，每当再听到我先生的那句："你看见我的××了吗？"我都能马上回答："请到××房间××家具××层拿。"现在家里的物品基本上在我脑子里有一张图，就像导航一样，想找什么东西都很轻松。能做到这一点并不容易，我也花了很长时间才搞定家庭中的文件管理这件事。

分类

文件管理这事你无法规划，特别是证件类，人家要求你办什么你就得办什么，所以我们分类就好。

①证件类：就是那些能证明"你妈是你妈"和"你是你"的东西。

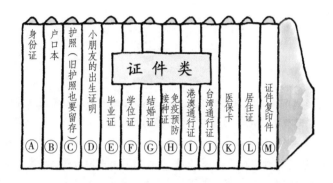

身份证 (A)
户口本 (B)
护照（旧护照也要留存）(C)
小朋友的出生证明 (D)
毕业证 (E)
学位证 (F)
结婚证 (G)
免疫预防接种证 (H)
港澳通行证 (I)
台湾通行证 (J)
医保卡 (K)
居住证 (L)
证件复印件 (M)

证件类

②资产类：含金量高的文件，比如房本、车本、银行卡、存折等。

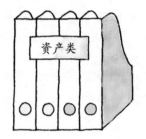

资产类

③合同类：劳动合同、购（租）房合同、保单等。

④发票收据：购物消费的凭证，随着网上购物的增加在减少。

⑤生活用卡：煤气卡、电卡、水卡等。

⑥会员卡：各种美容、美发、美甲的，宜家和无印良品（MUJI）也都有。

⑦说明书：这个都懂的，买东西时附带的。

⑧医疗类：体检资料、病历、就诊卡。

还有一个分类是按时间，具体来说包括短期、中期和长期。

①短期：最近几天马上要用到的文件，我会用大头针扎在软木板上，提醒自己尽快完成。

②中期：基本上以年为单位进行检查，包括合同、护照、身份证、体检资料等，过期失效的就及时处理掉。

③长期：需要长期留存的，例如证件类、资产类、生活用卡等好好收起来。

整理

文件类物品如何整理呢？

①证件类：为了避免发生过期的悲剧，我个人建议要定期检查，如果发现有快到期的赶紧补办。特别是护照、通行证，如果过期会直接影

响出行，尤其要注意。

②资产类：房本、车本不需要整理，银行卡、存折可以减少数量，我曾经花了好几天时间把所有不用的银行卡注销，将储蓄卡和信用卡都减少到一样两张。因为北京的车辆违章，银行交费必须绑定一张单独的卡，否则卡还可以再少一张。

③合同类：劳动合同、购（租）房合同、保单等这些文件定期整理，如果已经过期，记得处理过个人信息后再扔掉。

④发票收据：因公发生的需要报销的可以每次从钱包取出后单独用一个小信封存放好，工作日下午效率低下的时候可以集中整理。家里的收据发票每周整理一次，如果需要记账就记账，不需要的就粉碎后扔掉。

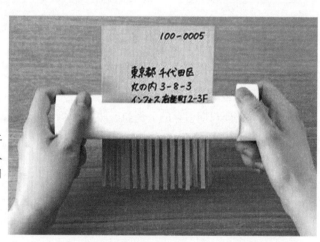

考虑到票据上一般会有个人信息，建议用粉碎机粉碎。

⑤生活用卡：煤气卡、水卡等，我家是用一个小透明袋子集中收纳放在厨房吊柜里，这个位置离煤气表、水表距离很近，用起来更方便。

⑥会员卡：各种美容、美发、美甲会员卡，现在我基本不办，办了的也全部放在商家那里，当然前提是商家要信得过。其他的卡就只有宜

家和无印良品的会员卡，全部放在微信卡包里，用的时候只要出示手机就好，非常方便。

⑦说明书：现在基本都已经被丢弃了，之前我曾经用一个大的文件夹保留了家里几乎所有物品的说明书，后来差不多全部丢掉，只保留了一个松下面包机和一个多功能蒸箱的说明书，因为上面有菜谱，很实用。迄今为止已经6年，生活完全没有受到影响。

⑧医疗类：体检资料一般1年后就可以处理了，最近几年，体检报告都是在网上查看，也很方便。病历如果不是慢性病需要频繁就诊的，基本和门诊卡一样每次都可以现场办理。最常去的医院，保留一张门诊卡、一本病历就可以了，其余的也很少用到，就断舍离吧。

收纳

文件收纳很重要的一点就是固定地点存放，最好能固定到每一类物品。

以我家为例，所有文件类实体物品除了煤气卡、水卡和两本说明书放在厨房之外，其余文件都集中收纳在书房。这样，即便我不在家家人也能找得到。

其中，证件类和资产类的集中收纳在无印良品的盒子里，这个是对之前整理物品时多出来的旧物再利用。其他的用抽屉或者盒子收纳都可以，但最好能够分层或者使用透明材质的收纳物，以便于查找。

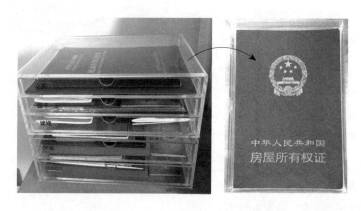

这个无印良品的盒子，上面三层下面两层一共五层，刚好收纳了家里公共证件和四个家庭成员每个人的证件。

关于公共证件收纳，无印良品的盒子简直就是给房产证量身定做的啊，严丝合缝一点都不差。

拥有类似功能的抽屉柜网上有很多，价格也合理。尺寸一般分为A4或者B4，层数有3层、4层、6层、8层、10层，最多有15层。记得选透明材质的，每层做好标签，用起来会更加方便。

合同、保单和证件复印件等文件类物品因为数量不多，就集中收在一个活页透明的大文件夹中，找起来很方便。（每一页放一份文件，千万不要塞进去很多文件，以免找的时候麻烦）

如果要出门的话，推荐两个收纳物品来收纳文件类物品，一个是无印良品的护照包，另一个是透明材质有拉链的文件袋。

无印良品护照包（以出国旅行为例）
将护照、外币、银行卡都妥妥地收在一起，再配个零钱包，出门都不用带钱包了。

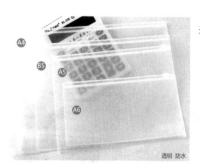

透明材质有拉链的文件袋

如果家里文件特别多，也可以参考办公室的文件管理方法。用一个专用的文件抽屉，配合文件夹收纳各类文件，记得要做标签以便于查找。没有抽屉的用文件挂也可以达到类似效果。

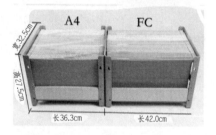

物归原位

当然，所有物品使用之后最重要的就是归位，否则下次再用又找不到了。督促归位的方法除了使用透明文件袋之外，还有定期检查。发现什么不见了立刻寻找，找到马上归位。

小物品的整理术

07　过日子常用的这20件小物品还是放在手边好

在看正文之前大家可以试着做做下面的小问卷，你可以把它当作一个对家中小物品管理能力的小测试，请记录10个问题中有多少个你选择了"能"。

①你能一分钟找到家里的剪刀吗？

②你能一分钟找到家里的门钥匙或者车钥匙吗？

③你能一分钟找到空调遥控器吗？

④你能一分钟找到开瓶器吗？

⑤你能一分钟找到电池吗？

⑥你能一分钟找到指甲刀吗？

⑦你能一分钟找到房产证吗？

⑧你能一分钟找到你的证件照吗？

⑨你能一分钟找到螺丝刀吗？

⑩你能一分钟找到创可贴吗？

这个小测试你也可以和家里的小朋友一起玩，拿个计时器，测一下找到物品实际花的时间。根据我的调研，小朋友们都很喜欢这个测试。

如果所有的东西，你和家人都能很快找到，说明你家的规划整理做得很好，那就不用看下面的部分。如果好多东西没能及时找到，请继续花3分钟读一下。

小物品收纳二原则

物品收纳的原则其实真的很简单，一个是集中，一个是就近。

集中原则比较适合那些使用频率低的物品，比如客用物品、季节物品、储存用品。

不过，更多的物品我还是推荐按照就近原则收纳。

拿买菜举个例子吧，北京最有名的新源里菜市场，各种食材、调料

我家的纸品储备就是集中在储藏室的一个安东尼组合里，按照使用频率高低分成厕纸、手帕纸、抽纸和擦手纸。当使用中需要补充的时候，家人都会来这里找，当库存临近警戒线再下单购买。

超级齐全，样样都好，就是距离太远，去一次开车来回要两个小时。我敢打赌，这么远的距离，你就是办了个高级健身房的年卡一年也去不了几次。反之，如果这个菜市场离你家开车只要十分钟路程，前往采购的频率就大大增加了。甚至，如果你家楼下就有个菜市场，回家时顺手就买了，岂不是更方便？

收纳的时候，也是一样的道理。"近"真的很重要。

如何才能"近"呢？

我有一句挂在嘴边的名言："生命在于折腾"，收纳也是如此。"近"就意味着动线最短，要用的时候就在手边。但可惜，关于"近"没有什么标准答案，因为每个人、每个家都不一样。在收纳这件事情上，如果你不断地尝试，就会不断地有更好的结果。下面我就来个现身说法，分享一下自己的经验心得。

Coco家20件小东西的就近收纳攻略

No.1 剪刀

剪刀细分为拆快递专用、厨房专用、小朋友文具和花艺专用这么几把。（TIPS：高频使用物品可以考虑多种功能多地点存放）

玄关处建议放置一把剪刀。快递大家都要收吧？你的习惯是把快递盒、包装箱从玄关搬进厨房，拆了之后再搬出来，还是直接在门口拆完，等到下楼倒垃圾时带出去？

厨房剪刀和菜刀、陶瓷刀、小水果刀放在一起，主要用途是修剪青菜和收拾鱼虾。花艺专用剪刀用来对家里的鲜花修枝剪叶。文具剪刀我把它放在书桌旁边书柜的抽屉里。

No.2 钥匙

家里的入户门应用了指纹识别技术，但家里的车钥匙还需要个"家"，于是可爱的猫头鹰钥匙挂出场了。它的家就在大门上，猫头鹰白天"呼呼大睡"，晚上来上班。偶尔爸爸忘记了，小朋友都会提醒爸爸，你要让猫头鹰"上班"啊。

猫头鹰钥匙挂: 开（左）与关（右）

TIPS：大门和玄关附近是每天进出的要道，利用各种收纳用品可以收纳钥匙等常用物品。

No.3 团子的公交卡

小朋友还小没有手机，每次出门都要找半天公交卡（学生卡半价），他又没有随身背包的习惯，总要耽搁几分钟。后来，我在淘宝上发现了这个磁力照片袋（下图左），直接拍门上，再找不到他自己"看"着办。

No.4、No.5 口罩&雨伞

我在玄关设计了抽屉柜，家里每人一个抽屉，各自出门会用的东西都放在属于自己的区域。口罩和雨伞，根据当天行程和天气状况来决定是否携带（上图右）。（墨镜、手帕、纸、名片也放在这里，需要就顺手拿）

遥控器挂钩

No.6 空调遥控器

各种遥控器都默认放在需要遥控的电器"身上"或者附近，也可以使用几块钱一对的遥控器挂钩粘在你觉得方便的位置。空调的遥控器默认放床头柜上。

No.7 、No.8 充电宝&数据线

我在客厅茶几上设立了一个充电站,实际上就是一个宜家雷弗萨支架。每天回家后,我先把充电宝充上电,充满后立即放回外出包包中。这个尺寸可以同时放下一部手机和一部 iPad。我在床头柜上也放了一个,床头柜终于清爽起来。接线板和充电器在下面藏得可好了,不说都找不到。

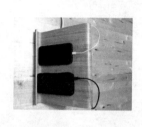

——开瓶器

用宜家雷弗萨支架打造的充电站　　　　小工具柜

No.9 开瓶器

所有的厨房小工具,我都集中收在小工具柜里,用后归位。因为我家很少用开瓶器,收在这里也算方便。如果是使用频率高的,也可以考虑放在冰箱附近,甚至可以弄个磁力开瓶器。

No.10 手电筒

居家过日子难免遇上停电、灯坏了等情况需要用手电筒,不过现在手机大多有了这个功能,所以就减少一件“可能会用到”的东西了。

No.11、No.12 电池&证件照

我把它们分类后收在客厅角落的小工具柜里。这个小工具柜原来是

工业用的零件柜，配上标签来收小物品真的好用。

电池

TIPS：没有工具柜，用两个小收纳盒集中收纳，固定地点，用的时候能找到就可以。

No.13、No.14、No.15　胶带&螺丝刀&插线板

窄的透明胶带多数是孩子做手工用，放在书柜文具抽屉里。大胶带、螺丝刀和插线板放在储藏室大工具柜里面。螺丝刀和其他的钳子、锤子等工具是一套，这个设计组合真心感觉想不归位都难。

TIPS：用收纳盒集中收纳、固定地点，用的时候能找到就可以。

No.16　指甲刀

我曾经尝试过多个地点收纳指甲刀，最后发现，洗完澡后经常需要给娃和自己修剪指甲，所以把指甲刀放在床头柜抽屉里最方便。同理，

每天晚上睡前会用的护手霜、润唇膏也是收在里面。

No.17 证件

前面讲过集中放到证件抽屉里，用完归位。

No.18 插座转换头

插座转换头在分类上属于旅行用品，我把它收在储藏室旅行用品抽屉里。这个抽屉还收纳了洗漱包、衣物收纳袋等旅行会用到的东西，需要出门的时候拿出来就能用。如果地方不够用，也可以把这些东西收在行李箱里。反正都是出门才会用到。

No.19 驱蚊液

我们小区蚊子多且凶猛，夏天晚上出门时不用驱蚊液的话就会成为蚊子的"美食"。我把驱蚊液放在玄关门口的柜子上，出门前喷一喷就能"救自己一命"。

No.20 创可贴

我家的创可贴通常和碘伏放在一起，有三个地点存放，小朋友的背包里一直有个急救袋，药物抽屉的急救包里也有创可贴，剩余的收纳在常用药的抽屉里。

小朋友的急救袋

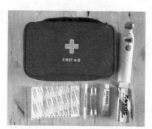
家里的急救包

08 美在脸上，"收"在家里

说起极简的话题，女生还有一个不好极简的项目就是个护用品。无论是护肤还是彩妆，都需要不少瓶瓶罐罐来支持。今天，我们就来研究一下美妆个护用品的整理和收纳。

规划

现在只要你打开手机或者电脑，各种关于个护和美妆的广告、软文简直满天飞。这个时候你就更需要用冷静的头脑做出自己的判断，否则你就会像我一样，交了很多学费不说，皮肤也会因为用了不合适的护肤品过敏。

为此我和小伙伴们讨论了一下，还向专业的化妆师请教，同时也参考了很多文章，初步总结了以下两个流程，仅供大家参考。分别是彩妆和个护。

彩妆	步骤 1	步骤 2	步骤 3	步骤 4	步骤 5	步骤 6	步骤 7
脸部	隔离	遮瑕	粉底	散粉	阴影	高光	腮红
眼部	打底	眼影	眼线	睫毛	眉毛		
唇部	口红						

当然，每个人的情况不一样。对化妆要求高的可能还会有更多步骤，

个护	清洁	精华	保养	特殊保养	磨砂
头发	洗发水		护发素	发膜	
脸部	卸妆/洗面奶	精华	面霜/防晒	面膜	磨砂膏
眼部		精华	眼霜		
唇部			润唇膏		磨砂膏
牙齿	牙线		牙膏		
身体	沐浴露		身体乳		磨砂膏
手部	洗手液		护手霜		

也有个别美少女只需要清水洗把脸即可。想提醒大家的是，其实你真的不需要 500 支口红或是 10 盒粉底，因为东西都是有保质期的，数量过多只会造成浪费。看一下规划表，我们就可以根据自己的需求选择对应的个护和美妆产品了。

除了品种，还请控制数量。我一度曾经在出国的时候发现机场免税店的东西比国内专柜便宜很多，于是大量囤货，结果大家都知道的。现在，不管什么线上电商平台大促销，我都能坚持做到个护高频使用的用一囤一，低频使用的等到快用完了提前补货就好了，毕竟低频使用的产品，比如说磨砂膏或是发膜一个月才用几次，根本不需要多囤。

彩妆类因为工作原因，出门才用，所以我也改为只保留一套了，大家可以根据自己的实际情况做调整。

整理

首先在床上铺一个床单，拿出所有的洗漱用品，然后平铺上去，真没想到居然有这么多。

平铺的时候按清洁、护理和工具分类，牙齿的护理品放在最上方。

然后进行整理，每一件都看一下是否超过保质期，如果保质期不清楚或者找不到，就问问自己"最近一年有没有用过？"如果最近一年都没用的话很可能以后也不会用。

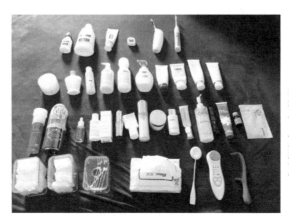

洗漱用品（整理前）

精简过后，洗漱用品还剩下 26 件。

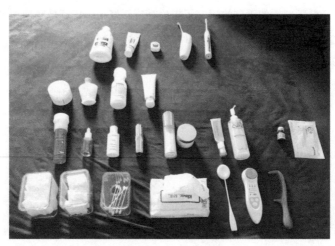

洗漱用品（整理后）

收纳

这么多东西要是摆在台面上可是要占很大地方的，好在机智如我早已经把镜子换成了镜柜，采用按层收纳的方法。

第一层：工具类。包括多层棉片（配合化妆水做湿敷用）、普通棉片（卸妆用）、棉签（卸眼妆用）、纸巾（擦脸用）。

第二层：护肤类。城野医生的化妆水、科颜氏的淡斑精华、资生堂的百优眼霜、城野医生的草本面霜（白天用）、资生堂的夜间乳液和娇韵诗的防晒。最右侧用亚克力收纳盒收纳了日立美容仪、拍拍乐和木梳。

第三层：保罗和乔伊（PAUL&JOY）的眼唇卸妆液（拍视频之后用），娜诗丽（Nursery）的柚子卸妆膏，自然哲理的洗面奶（泵头是自己改的），肌肤之匙的洗面奶，酷雅（Cure）的磨砂膏，我和儿子团子的牙刷、水牙线、全仕康（GUM）的牙膏、牙线及漱口水。

利用镜柜按层收纳，关起门来的镜柜什么都看不到，只留一面镜子。

保持浴室整洁的一大法宝就是镜柜。如果没有条件安装镜柜也没关系，你可以用抽屉柜来代替。或者万能的小推车也可以。

洗发水、浴液因为和彩妆使用地点不同，所以单独整理了一下。每个都贴上了标签，这样就不会用错了。

09　终结找东西恐惧症之药品篇

说起找东西恐惧症，有一个现象很普遍：就是家中有人生病时，明明记得家里有对症的药品却无论如何找不到，跑出去买回来之后隔两天却又发现了两三盒，苦笑之余你有没有想发誓第二天就要把家里的药品好好整理一下？

接下来讲讲家里的药品应该如何整理才好。首先，从规划入手。

规划：按需购买

切记药品不会升值

听说过囤黄金会升值，没听说过囤点儿家常用药会升值，毕竟不是每年都会有靠囤积板蓝根就能赚钱的机会。所以，血泪教训就是如果您家方圆三公里内有 24 小时药房的话，常用的非处方药真的没必要在家里过多囤放，否则最终的结果多半都是过期后被扔掉。

我一直觉得，如果平时注意饮食、多锻炼，少生病才是最好的，但一些常用的药品还是需要预备，建议只准备最重要、最急需的，数量也要尽量少，能应急就可以。毕竟现在药店买药很方便，如果真是特别着急，送药服务或者闪送也可以帮忙搞定。

整理：过期就扔

五步法帮你解决问题

药品和食品的整理原则是最简单粗暴的，就是过期就扔，特别是药，吃了没效果不说还容易出状况。但没过期的也不是特别建议断舍离，谁也说不好明天的事儿，总之还是少买最好了。

在写这篇文字的时候，我把家里所有的药用"平铺、整理、分类、计算、归位"的五步法进行整理。平铺后发现，药还是不少的。

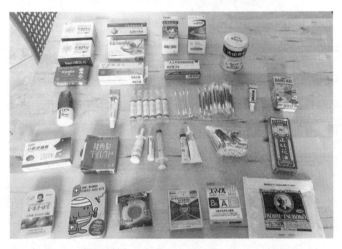

整理一下，发现有几个过期的，直接扔掉。之后简单地按外伤、内服、外用分类。

外伤药品单独分类，是因为如果出状况时多半会比较紧急，希望一分钟就能找到。下图依次是碘伏棒、迪士尼创可贴、液体创可贴、生理盐水、酒精棉签、扶他林、两个疤痕灵和一个急救盒。迪士尼创可贴特别轻巧，弹性好，而且图案很萌，很受小朋友喜爱，受伤后用一个心情也好一些。

急救盒是团子姐姐送的，里面有消毒巾、邦迪创可贴、弹力绷带、消毒喷雾，最底下居然是一个可以反复使用的贴纸温度计（早发现这个就不用每次都背着温度计出门了）。

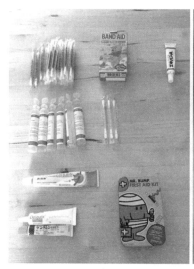
外伤药

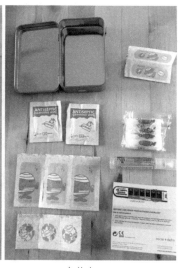
急救盒

下页的图上面是内服药，下面是外用药。依次是：

第一排：成人和儿童的晕机药（儿童晕机药仅为备用，还没有吃过）。

第二排：针对咳嗽的惠菲宁和沐舒坦，看病时开的，也没有吃过；

布洛芬两盒。

第三排：太田胃散和达喜。

第四排：针对喉咙不适的龙角散和口腔溃疡贴膜。

第五排：鼻炎喷雾、两盒眼药水，曼秀雷敦的薄荷吸入剂是针对感冒鼻塞用的。

第六排：红花油和温感膏贴药。这个膏贴特别好用，它不像传统的膏药是一大片，而是一元硬币大小，哪里需要贴哪里。

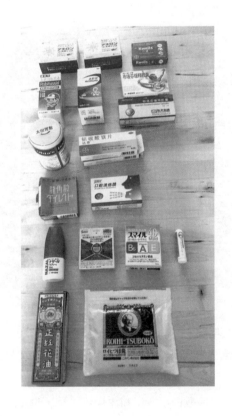

收纳：分类收纳

一分钟找到，这事很重要!

我在家中收纳药品有几个原则，首要的一条就是当我想要找某种药物时一定是急于使用，所以分类清楚可以帮助我在第一时间找到它们。

药品一定要放在阴凉干燥处，最好固定地点存放，同时也要对小朋友进行安全教育，避免误拿误食。

因为家里的药品数量不多，所以两个小抽屉就能装下。一个放外用药，一个放内服药。

抽屉一：外用药

用了宜家的安东尼塑料储物格，为了配合抽屉的尺寸，还把边缘部分剪掉了，否则难以完美匹配这个抽屉。碘伏、邦迪创可贴、液体创可贴放在最外侧，方便拿取。温感膏贴放在最里面。

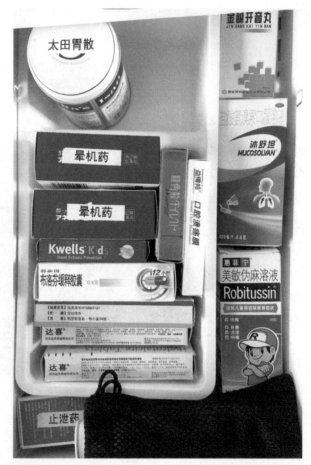

抽屉二：内服药

尽量把名字露在外面，如果都是外文贴个中文标签，这样家里老人和阿姨也能看清楚。温度计也放在这里。美林和泰诺林家里也会准备，不过按照制药公司朋友的建议放在冰箱里了。

10 挥一挥衣袖，这些我都要带走

徐志摩有诗云"挥一挥衣袖，不带走一片云彩"。可惜，俗世之人如我，是做不到这一点的。如果真有一天要去一个新的地方，我最有可能会带走的就是心爱的纪念品。

接下来，我们就来说说纪念品的整理。

为什么不从规划说起？因为纪念品无法规划，对你有特殊意义的东西更适合用心动法来做整理。

在开始做纪念品整理之前，我建议先从礼品整理入手。

整理礼品要做四分离

四分离指的是情感和物品分离、留下的和流通的分离、价格和价值分离、日常用品和纪念品分离。

第一步：情感和物品分离。

收到礼物的第一时间，首先要感谢对方，无论是谁，出于何种目的送你礼物总是好事。感谢之后，再做情感和物品分离。

送礼的人是想你知道他／她关心你、惦记你、喜欢你、爱你。送礼只是个形式，目的是传递情感。收到礼物之后，接受对方的好意，把这份情意记在心里，未来通过合适的方式回报给对方，但需要将情感和物品分开。

第二步：留下的和流通的分离。

请判断自己是否需要留下这个物品。这步需要有一定整理物品的经验，建立了判断的标准才好进行。有时可能不能马上得出结果，也可以试用一下再决定。比如说，万一你收到了身高 3.4 米的大熊，也完全可以在收下对方的心意之后，再把大熊流通出去，释放家里的空间。毕竟几万元一平方米给了大熊太可惜。流通的方式也很多，空闲时间比较多的人可以尝试一下闲鱼；一般有空的，可以发个朋友圈，有谁需要出个运费拿走就好；如果特别忙，把它装起来放楼下垃圾桶旁，需要的人会很快把它领回家。

第三步：价格和价值分离。

有很多时候，我们不舍得流通不是因为真正需要它们，可能是因为它们的价格贵。好几个朋友提到 Roseonly. 的永生花，几朵就一两千元，除了摆着看啥也干不了。这时候我们要更冷静地分析，这个东西对我有没有价值，究竟要看重价格还是价值，想清楚之后，你就知道这件物品该去该留了。

第四步：日常用品和纪念品分离。

比如说结婚戒指，没见谁平时总戴在手上，但留着作为纪念还是必需的。

整理纪念品的小诀窍

拿起一个物品，想一下它的存在是否会给你带来积极的力量，是的话，就留下；否则的话，可以和其告别。接下来，具体说说纪念品的收纳。

过去的，集中收纳

谁都不像孙悟空是从石头缝里蹦出来的，人生在世，谁还没点纪念品呢？但是，大学时的校服或者婚纱等平时肯定不怎么穿，所以我们把它们集中起来收好。可以在储藏室最深的角落里找一个箱子，把这些纪念品洗干净收起来，想回忆的时候能找到就好。

现在的，一盒装之

建议做一个"时光宝盒"，把最近一些拥有回忆的物品丢进去，我们家的时光宝盒长这个样子。

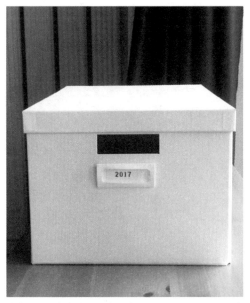

这个盒子的好处是侧面有一个开口，门票、电影票之类的从侧面塞进去就好了。盒子上标的日期是2017年，但因为比较能装，一直没满，所以2018年的也放在里面了。当我为了写文章打开时，满满的都是回忆。

旧的不去，新的不来。在处理纪念品这类物品时我们不妨狠一点，留下更多的空间给家人和自己。

房间篇

11　三种规划方案，解决你的玄关问题

很多朋友在聊到玄关的时候，第一反应多半是"那不就是个换鞋的地方吗？"呃……深入调查之后我才发现，原来很多户型有玄关但没有利用好，还有些干脆就没有玄关。

什么是玄关

有一种说法认为玄关这个词来自于《道德经》："玄之又玄，众妙之门。"姑妄言之，姑妄听之吧。现在玄关的通用解释是住宅室内与室外之间的一个过渡空间，在宜家的设计理念里又被称为"门厅"。如果您家是有影壁墙那种深宅大院的话，那就不和您聊了；如果您家是动辄五六百平方米的大房子，咱们也留到以后再说；今天重点聊聊100平方米上下寻常人家的玄关如何规划。

对于只有一道入户门的寻常人家，玄关是我们进出住宅的必经之处，它承载了空间转化乃至于角色身份的变化，进了这道门，我们就是为人父母、为人子女的身份，出了这道门……让我哭会儿，就是个"创业狗"、上班族或者别的什么身份。经常可以在电视剧里看到主人公回家后第一件事就是放下包包甩掉高跟鞋，然后吐出一口长气，嘴里嘀咕着："回家真好。"

没错，在玄关，我们希望体会到的感觉就是——回家真好。

绝大多数人在进家门后做的几件事都是：换鞋→放包→脱外套，男生往往会简化为：换鞋→放下钱包与钥匙→摘手表。

无论是家居设计还是互联网产品设计，都讲究一个用户的行为动线，别小看上面提到的几个步骤，玄关空间规划的合理与否直接影响这几个步骤进行得是否顺畅，想必你也经历过早上着急出门却无论如何找不到要穿的鞋的悲剧吧？

玄关"深度"的矛盾

玄关要解决至少鞋、外套、包包的收纳，但不知道大家有没有想过，鞋柜和衣柜所需的深度是不一样的，两者相差 20~25 厘米。鞋柜深度如果有 35 厘米就可以放一般 45 码以内的男鞋了，但衣柜至少需要 55 厘米或者 60 厘米，如果是滑门还需要增加深厚。

怎么破？

如果空间小，只能选深度 40 厘米左右的。放鞋的问题能解决，但衣服只能横着放。如果选深度 60 厘米的话，放鞋的空间又浪费了好多。

玄关，依据户型、大小和人口恨不能有 36 种变化。

别心急，今天我们就按照 100 平方米左右房子的玄关从大到小，为你提出三种空间规划方案。

两米玄关

对于 100 平方米左右的户型，在保证深度 60 厘米左右的前提下，玄关的墙壁能有两米的话，真该逢年过节感谢一下当初的设计师，这种设计让"1 米鞋柜＋1 米衣柜"的完美组合得以出现在你的玄关，如果你不是买买买的购物小狂人的话，这种组合甚至可以实现你全部鞋子的收纳。

以下图的宜家帕克思为例，深度 40 厘米的装鞋，如果整个 1 米宽柜子都装鞋，按 10 层的话能装 50 双女鞋或 40 双男鞋，基本上可以容纳一家三口全部的鞋了。如果层高够，可以选 236 厘米高的柜子，还可以再多装 10 双。

另外 1 米用深度 60 厘米的衣柜装外套，下面配几个抽屉，按常住人口数量每人分配一个，装外出需要的物品。比如：帽子、围巾、手套、口

罩、纸巾等。如图宜家特里索衣柜所示。

如果家里有小朋友，可以考虑入下面的穆斯肯衣柜。左边可以把下面的两块搁板拆掉，改安一个低的挂衣杆，让小朋友自己挂衣服。

宜家特里索衣柜　　　　　　　　　　穆斯肯衣柜

TIPS：以上两个衣柜都建议把挂衣杆高度下调，目前挂杆高度接近两米，一般女生身高的话还是太吃力。调至 1.8 米左右，剩余的空间可以装一块搁板，放帽子和非常用包包正好。常用的包可以放到衣服下面的搁板上。

一米玄关

一米左右的玄关应该是最常见的，建议一米宽度的玄关柜配置如下：

高区：一块搁板，放帽子和非常用的包包。

中区：一个挂杆，悬挂外套。

低区：最好单配一个可调高度的鞋架，放置当季穿的鞋。

需要注意：如果不能接受鞋子和衣服放一个柜子，推荐用2个宽度50厘米的柜子，靠近门的位置深度40厘米的放鞋，再来一个深度60厘米的放衣服。

没有玄关

很多坑爹的户型没有玄关，简单的方法就是利用墙面。

如果万一赶上墙面不能钉钉子，可以考虑在入户门上安挂钩，有强磁、吸盘几种可以选择，至少挂几件外套没问题。

这个鞋柜深度为30厘米，如果空间不够也可以换成深度17厘米的思多尔鞋柜，能装8双鞋。再配一组"衣帽架+挂钩"，能解决基本收纳需求。

如果空间还是太紧张，还可以考虑带脚轮的丽加晒衣架，秋冬时拉过来，其余时间放阳台晾衣服。高度可以从1.26米到1.75米随意调节。即使家里有玄关柜，来客人时预备一个用也很好，挂几个衣架就可以了。

无玄关房子的解救办法：

①移门：其实鞋柜需要的位置并不大，以宽度为例，有40厘米的宽度就足够了，所以如果是未装修阶段，有一个非常简单的方法可以改善。

看到图中的阴影部分了吗？简单粗暴地说，把大门向下移动40厘米！不要小看这小小的40厘米，有了这40厘米，分分钟可以在入户门的右手处来一组目测至少1米的大柜。

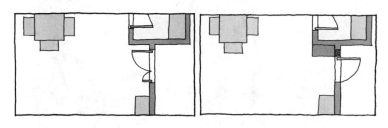

原始布局　　　　　　　　　　　　移门

那么，改完对客厅影响大不大？客厅这面墙，根据图纸推断至少有6米，少这40厘米根本不算事。

②借地：从玄关周围的客厅、餐厅借一块墙面，要点是离入户门越近越好。还是以原图为例，如果入户门不变，那么可以从客厅的电视墙借40厘米的空间。

还有一种做法是从入户门右手的厨房墙面借地，有人会直接从墙上掏一个鞋柜出来。但还是应该优先考虑安全问题，如果不是承重墙，可以将厨房墙后缩40厘米，做一个C型凹位，玄关柜就有地儿了。

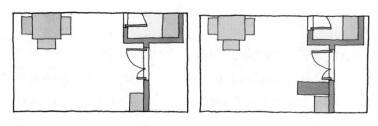

原始布局　　　　　　　　　　　　借地

③自建：一般没有玄关的户型都是进门就直接看到客厅或者餐厅，

从隐私保护或者风水的角度看都不太好。如果用玄关柜做收纳的同时又解决了以上两个问题，可谓一举三得。

下图中 A 或 B 位置均可选择自建玄关。

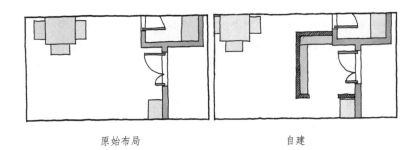

原始布局　　　　　　　　　　　　　自建

美观和容量

很多人不愿意在玄关处做大柜子，理由也很充分，玄关是别人对家的第一印象，如果做了柜子会感觉压抑，不美观。于是，为了美观就牺牲了容量。

但是，日子毕竟是自己过的。刚入住没问题，随着慢慢有了宝宝、家里来了老人，随之鞋也在慢慢地增加。如果鞋柜容量不足，很容易造成满地找鞋的情况。

秋冬季节，风衣或者羽绒服之类的外套肯定不会只有一件，也不可能穿一次洗一次，这些衣服都要有地方安置。

那么，要么少买买好的，控制鞋、衣服和包包的数量；要么寻找合适的位置，放置鞋柜和衣柜。希望大家都能实现美观和容量的平衡。

12　五大主角重新规划你家的客厅

说起客厅来，好像是我们自己的专有叫法，因为在国外，通常叫作"Living room"，直接翻译过来就是起居室，是一家人休息、聊天、活动的地方。这样说来，我们需要的其实不是"客"厅而是"家人"厅。"家人"厅应该如何规划？

我们需要的不是"客"厅而是"家人"厅

我觉得"客厅"这个区域的名称直接影响了它的功能。在中国，大家觉得既然是客厅，就是给客人准备的，所以必须要有个沙发，最好还是"3+2+1"的那种，越大越显得气派。

事实上，每天我们和家人都在家里进行各种活动，除了洗澡、如厕这种比较私人的事情自己一个人进行之外，我们还会一起吃饭、一起喝茶、一起读书、一起玩耍等。现在的生活节奏也使得在家的时候我们大部分时间是和家人在一起，毕竟家中高朋满座、胜友如云的日子一年也就那么几天。所以，第一个问题就有了答案，我们需要的不是"客"厅而是"家人"厅。既然是家人厅，那我们该如何规划呢？为此，我特地总结了客厅规划的五大主角。

客厅规划的五大主角

主角一：储物柜

建筑师逯薇老师家的客厅有整整一面墙的储物柜，绝对是客厅的主角。虽然保留了电视＋沙发的传统布局，但是在收纳能力上，因为相当于 100 个登机箱的容量，收纳了全家所有的公共物品，堪称柜子里的"战斗柜"。因为这个收纳柜的存在，沙发、茶几区域才得以保持长久的清爽与整齐。

图片根据逯薇老师照片绘制

主角二：书

我有一个朋友，她家的客厅让人叹为观止，全部都是书。与众不同的客厅会有与众不同的生活，该同学就是坚持给儿子每天做早餐 N 年的美食达人豆娘。现在，小豆子已经成长为小厨神，自己做蛋黄酥义卖，把钱捐给需要帮助的小朋友。最新消息是小豆子已经获得美国高中的录取，即将踏上人生的新起点。

豆娘家的客厅

主角三：沙发

我还有一个朋友，一家四口人都酷爱喝茶和看书，也特别喜欢和好朋友面对面地聊天。她把家里的客厅改成了这个样子：一组双人沙发是两个娃的，对面是两个类似《老友记》里面的懒人沙发（另一个在来的路上），手边就是书和茶。我感觉这样面对面地坐着，一盏清茶，两

可以好好聊天的客厅

个人可以舒舒服服地说说话真好，毕竟这年头能聊到一起去的朋友也很难得。

主角四：大桌子

为了配合小朋友上学，我将餐厅改造成了书柜＋大书桌的形式，发现用起来真是很爽。

一张大桌子，可以用于工作、学习、看书、画画、写大字，来10个客人吃个大餐也毫无压力。

主角五：游戏区

客厅主角是游戏区的朋友，大部分是因为家有萌宝。小朋友开始爬行的阶段，家里都需要比较大的空间充当运动场。这个时候，茶几就会靠边站或者被断舍离，电视基本上也是小朋友看动画片或者他们睡着之后才会打开。

如果希望视线清爽，可以在规划时注意两点：

一是游戏垫、爬行垫尽量选择无图案或者少图案的款式，颜色清爽简单。

二是可以考虑用一些家具对游戏区进行分隔或遮挡。我帮客户做的规划方案执行后，从玄关进入客厅，看到的是一个干净清爽的空间。但秘密藏在那个巨大的单人沙发后面，靠近窗户阳光最好的地方有一块空地是小朋友的游戏区。玩具架紧邻沙发靠背，不走近发现不了。

> TIPS：考虑到老人或者其他人看电视的需求，也可以在他们的卧室里安一台电视。

颜色简单清爽的游戏垫

用家具对游戏区进行遮挡

五步整理法

　　选择好客厅的规划方案，下一步就是整理留在客厅的物品。整理的方法大家可以选择心动法或者五步法，对于在客厅使用的药品、文具、工具这些公共物品，可以尝试用五步法进行整理。

　　①平铺：将所有客厅区域的物品平铺着放在桌面或者地面上。

　　②分类：将需要留下的物品分大类，比如书籍、文件、药品、工具、玩具等。

③整理：筛选一下，如果旧了、坏了、过期了的，可以直接扔掉；同类物品太多的话也可以考虑只保留最常用的。

④计算：根据分类后的物品数量配置合适的收纳空间和收纳工具。

⑤归位：确定好物品的位置后放好，最好写个标签，便于今后用完放回。

三个要点打造清爽客厅

首先，确保规划出足够的收纳空间，最好能达到使用面积的12%以上。也就是说，如果您家客房20平方米，至少应该有2.4平方米以上的收纳空间，而且这个2.4平方米还应该是从地到天的高度前提下。如果你不喜欢高的柜子，那也可以按同体积分散为几个矮柜。客厅是公共区域，全家人都在这里活动，如果物品没有地方收纳，就会造成茶几、沙发和地面的混乱。

其次，配置合适的家具。不同的物品有自己的特点，比如书柜适合装书和文件，玩具可以考虑专门的玩具柜，宜家的舒法特系列或者卡莱克储物柜都不错。

最后，使用合适的收纳工具。小朋友的玩具分几个大类就可以，类别太多、太细他们记不住，也不利于今后的归位和管理。使用轻便的收纳盒可以让宝宝自己动手拿取，收纳工具建议白色或者半透明、无图案，最大限度降低存在感。

当然，每个人的客厅和每个人的生活都是不一样的，最重要的是你和家人拥有一个属于你们自己的温馨的客厅。

13 睡眠、工作、阅读三合一的卧室如何打造

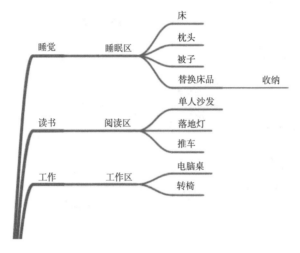

一张图了解自己需要的家具

睡眠区

既然叫卧室，肯定要有个睡眠区。睡眠区最主要的用处就是睡觉，必须要有的就是床、被子、枕头。

如果再想想每周、每个月、每个季度的生活，你会发现，睡眠区还

有一个场景就是床品的更换，床单、被罩和枕套要经常清洗，外加换季时冬天厚被子、夏天薄被子的交替使用。如果你家空间够，有专门的地方收纳床品最好，但如果房子小、物品多，床品无处放，也可以考虑带储物功能的床。推荐使用带抽屉的床，毕竟床单、枕套要经常换，拿起来方便。

带抽屉的床

但如果空间窄，抽屉拉出不方便，也可以考虑气压床，就是加了床垫以后想举起来需要点力气。

气压床

　　除了单纯的睡觉之外，很多人包括我在内都会坐在床上看书、看手机，那么伴随而来的就需要有阅读灯、充电器、插座，然后看书的时候喝点水，还需要放水杯。如果有一个床头柜会方便很多。

床头柜有万千选择，但谨记几点：
　　①高度和床的高度接近，用起来会更方便安全。
　　②根据自己的喜好，选择封闭式或开放式。封闭式可以收纳各种物品，显得整齐美观。开放式使用方便，但需要经常打扫。

床头柜——封闭式

床头柜——开放式

最近很流行在床头两侧墙上设置阅读灯，这样确实可以减少床头柜的拥挤。但也有一个问题，就是除非你的床位置一直不变，否则未来为了加一张婴儿床，想要移动 10 厘米都可能成问题。

阅读灯

阅读区

　　喜欢读书或追剧的人，都希望能有一把舒服的椅子。特别是阳光好的时候，晒晒太阳、看看书，幸福感油然而生。阅读区，一盏落地灯外加一把扶手椅和脚凳，再配个小推车放点水果、零食和茶水，简直不要太完美。

工作区

　　自从开始从事规划整理，每天写公众号，给客户做规划方案，都离不开电脑。其实家中房子的北面有一个书房，大书桌、大书架齐备。但问题是，到了冬天，房子的北面和房子的南面温度要差好几度。于是我毅然决然在卧室里放了一张小电脑桌，并配了一把转椅，加上阅读区的小推车，工作的时候晒着暖暖的太阳，感觉幸福多了。用完了把椅子推进去，最多占用不到一平方米的面积。

结论

　　麻雀虽小，五脏俱全。卧室虽小，经过我们的精心布置，一样可以打造出舒适的使用空间。

14　有朋自远方来，客人住哪儿

孔子说过："有朋自远方来，不亦乐乎？"我的问题是"有朋自远方来，咋住？"

每逢春节或是其他长假，除了部分出游的朋友，也有相当一部分人会回老家或者在家招待亲友。那么下面我们就来说说"客人来了住哪儿"这个话题。

浪费的客房

不知道大家是不是和我一样，家里有一个房间叫作"客房"？

既然叫客房，说明不是天天住。而且，肯定要给客人布置一张床。

我的朋友家是两室一厅，其中一间是主卧，另外一间客房专门给老人布置了一张 1.5 米 × 2 米的美式双人床，这张床加过道，妥妥地把次卧占满了。我们稍微算一下，至少 5 平方米的面积占没了，按 5 万元一平方米算的话也值 25 万元，关键是这 25 万元，一年有 11 个月是闲置的，反而他们经常要用的书桌只能挤到阳台上去了。

那么，客房应该如何规划呢？

人和时间

既然要规划的是客房，那我们先来看看客人都是谁？需要住多久？两个要点就是人和时间。

首先，我们要看来住的人是谁。如果是亲爸亲妈、公公婆婆、兄弟姐妹或者关系很近的朋友，多半还是要在家里住。尤其是长辈，一般不太能接受住酒店，即使是你来付钱。

其次，看使用的时间。如果是长时间使用，一年中有超过半年的时间被使用，那还是以床为主，有条件还是搞一间客房，配一张正经八百的床，毕竟舒适才是最重要的。

如果只是偶尔住几天，大家真的没有必要专门搞一间客房，完全可以启用应急方案。

应急方案

最省事的方案当然是打个地铺。不过建议把床让给老人，地铺还是年轻人打比较合适。

如果不是夏季直接睡地上恐怕会着凉，可以开点脑洞，只要是能垫在下面的东西都可以用，地毯、瑜伽垫、野餐垫、小朋友的游戏垫也都好歹隔凉防潮。这款宜家普鲁西可折叠健身垫只要 199 元，平时小朋友可以玩耍、大人可用来健身，来客人打个地铺，不用的时候收起来也很方便。

榻榻米垫子也是一个可行的方案。同样可折叠，节约空间，大小正好够一个人睡觉的。

如果想舒服一些，还可以上个折叠床。如果只是偶尔用，也可以向周围的人借一下，否则买了之后长期闲置还占地方。

当然，如果不是老人，请大家住酒店也是个好主意。价格方面也可以丰俭由人。无论如何，这也比买一间客房长期闲置便宜多了。（一间客房面积最小也要有 10 平方米，按照房价 5 万元 1 平方米，算算利息，1 年也还有 1 万元，住什么酒店都够了）

折叠床

从长计议，是否需要多一间房

当然，是否需要多一间房这件事，我们需要从长计议，这里面需要考虑的因素太多了。

首先，未来是否有要孩子的计划？是否准备要二胎？我们小区的 8 家邻居组团上过电视台的一档节目，当时不少人表示要丁克到底。结果目前有 5 家有孩子，其中 3 家都是两个娃。如果要孩子的话，你最好预备 3 个卧室。因为孩子来了，随之而来的就是双方老人或者阿姨。

其次，双方父母未来是否需要过来长期居住。特别是老人家年纪大了身体又不好的时候，作为子女，有能力的情况下最好是在家里附近买房或者租房最理想。所以，是否多一间房还要看经济条件是否支持。

规划得当，也完全可以把客房和其他房间的功能合并在一起。

客房和书房在一起

有的朋友家是将客房和书房的功能合而为一了。

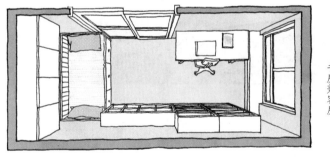

书房兼客房

几个书柜、一张"客房神器"、一张书桌简单又好用。有的朋友可能会担心，如果家里来了客人又要用书房怎么办？其实完全不用担心，家里来了客人肯定要陪着客人一起吃饭聊天，就算要加班，现在的笔记本也完全可以在餐桌甚至床上搞定。

推荐"客房神器"——宜家汉尼斯四用床。

宜家的"客房神器"汉尼斯四用床,可坐、可单人用、可双人用、可储物,平时配上靠垫还可以当沙发,客用的床单、被罩都可以收在下面的三个抽屉里。

如果客人多还可以拉出来变成双人床。

客房和衣帽间一体化

　　大部分人家里的衣柜都不够用，很多女士都梦想着有一个大大的衣帽间，其实完全可以利用客房来改造一下，前提是预留好床的空间，再在周围安放衣柜。

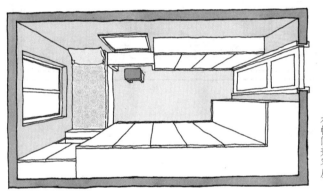

衣帽间兼客房

客房和儿童房二合一

　　如果家里房间比较紧张，还有个思路就是把儿童房和客房结合在一起。小朋友一般都喜欢爬上爬下，如果是家中老人住的话，和孩子的作息时间也更接近些。所以也可以在儿童房设计高低床或者高床下面预留一张沙发床给临时的客人使用。

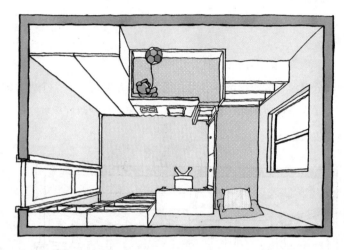

儿童房兼客房

家中无客房

　　还有很多朋友家里由于各种原因没有设计客房，但也难免会遇到亲朋需要留宿的时候。

　　一般第一个上场的就是沙发，客厅的或者其他房间里的沙发都可以应急，有的沙发设计得比床还舒服。如果使用折叠的沙发床，可以节约不少空间。

　　其次，如果有榻榻米区域的话，也是个不错的选择。

可折叠沙发床（关）

可折叠沙发床（打开）

在窗前区域设计一个榻榻米角落，左右两侧放上收纳柜，再加上底部空间，收纳功能就非常强大了。平时可以供大朋友、小朋友玩耍、学习，客人要留宿还可以充当临时客房。如果顾虑隐私问题，可以在边上加装一道帘子或者放一个屏风。

15 儿童房规划，妈妈说了并不算

身为一个八岁男宝的妈妈，我必须坦承：我在儿童房的布置上走过许多弯路。早在怀孕的时候，母爱爆棚的我就早早布置了一间儿童房，结果从娃出生到四岁压根就没用上，后来为了吸引小朋友自己住，又花了一万多元按他的喜好购买家具重新布置。好不容易熬到娃可以自己住了，给他设计的游戏区人家从来都不感兴趣，只好硬生生在客厅上挤出空间。要不是后来走上规划整理的路，估计我还会搬个学习桌塞到娃的小房间里去呢。

昨天做了个小统计，发现自己提供过上门整理和规划咨询服务的客户已经一百多家了。在看过这么多客户的家和自己的家之后，为了大家能不浪费这力气和银子，今天我就来掏心掏肺地和大家分享一下儿童房的规划。

根据我的经验，儿童房规划最重要的一点就是适合娃。

不管我是多么地爱我家小团子，我始终清楚地记得所有的相聚都是为了分离。我今天所做的一切，都是为了他能健康快乐地成长为一个独立的人。我和他爸爸可以帮助、可以引导，但不能替代。

每个孩子都是独立的个体，有自己的需求。我之前就是太过主观，把自己认为好的东西一股脑儿地塞给他。但现在，我更多地会问他"你想怎么样?"然后在合理可行的前提下尽量配合他。

儿童房五大功能区域

传统的儿童房一般都是床＋衣柜＋书桌，有地方的还要塞个钢琴进去。但真的好用吗？

或者今天我们一起换个思路，从小朋友的实际需要出发来看看。

既然提到规划，就不得不说说和小朋友密切相关的五大功能分区，分别是：

①睡眠区：即睡觉的区域。从我当妈的经验来看，儿童床还真不需要太大，1米宽就足够了，太大了反倒让小朋友满床滚来滚去，睡不踏实。

②收纳区：主要是满足衣物、床品的收纳需求。

③阅读区：为了培养孩子的阅读习惯，建议单独规划一个区域。

④学习区：一般是孩子们上小学以后写作业的地方。

⑤游戏区：小朋友玩玩具的专属区域，能容下2~3个小伙伴一起玩的话比较好。

最理想的方案当然是一个房间把所有功能集合在一起。可惜，房子没有那么大先不说，最关键的是小朋友不买账，有时还会有其他的问题。我们还是好好看看各个年龄阶段的孩子们有什么需求吧！

阶段一：0~3岁　儿童房=主卧+客厅

分区："睡眠＋收纳"在主卧，"阅读＋游戏"在客厅。

虽然老外的娃都是从小就独自睡一个房间，但在中国这样的神奇宝贝真的是不多见。我儿子小团子从四岁半开始自己单独住，在幼儿园里都算早的。所以，在此我老老实实地告诉大家，独立的儿童房不用太早布置，需要时随时动手好了。相反，从孕期开始就应该研究一下主卧如何规划才能睡下一个小人儿才好。

既然宝宝在主卧睡，洗澡、换衣服也肯定都在这里，所以预备一个小

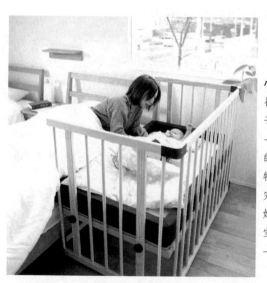

小床+抽屉柜
崔玉涛医生也提倡妈妈和孩子"同房不同床"，所以有一张可以和大床拼接在一起的婴儿床还是很有必要的，特别是母乳喂养的时候，喂完奶拍个嗝，放到小床上。妈妈不用担心睡着了会压到宝宝，自己也可以休息得好一点。

的抽屉柜或者在衣柜划分出一块专门的区域给他会更方便。

宝宝的衣服可以简单地分成四类：

①外套类：基本就是秋冬的外套、羽绒服、连体服之类。这类一般是妈妈根据天气添加。

②小物品：袜子、内衣裤、睡衣、口水巾等。

③上衣：贴身穿的 T 恤、打底衣服等。

④下装：长款、短裤、裙子等。

按类别放在不同的抽屉里，配合站立折叠法既好拿又好找。

如果顾虑安全问题，怕抽屉柜翻倒，可以把抽屉柜固定在墙上或者选择材质安全的塑料抽屉柜。

至于玩耍的区域，肯定是
在客厅。学爬、学走路的
时候，客厅就是他们的运
动场。

为了从小培养阅读习惯，
阅读角落也要同步建立。
从小一起亲子阅读的重要
性我就不再碎碎念了。

阶段二：3~6岁 独立的儿童房

▶▶

分区："睡眠＋收纳"在儿童房，"阅读＋游戏"在客厅。

3岁以后，我们就可以润物细无声地进行分房教育。其中，儿童房如何布置可是一个关键，能够投其所好的话成功率会大大增高。这时候的儿童房可以考虑配置"床＋衣柜"。为啥没有玩具和书呢？且听我慢慢道来。

分房后，很多妈妈（也包括我本人）特别欣喜地认为迎来了自由的日子，可以不用在黑暗中戴着耳机追剧，可以和老公正常音量说话，随后我们通常都会想把玩具也放在儿童房里，这样就算乱，也是乱一个房间，不用整个客厅都乱了。

事实证明，我们都高兴得太早了。

孩子们虽然独自住了，但在玩的时候还是拒绝一个人在自己房间玩。我还给人家布置了一个游戏室，但是没有用，除非你一直在他的房间或者在游戏室陪着他。

想来想去，其实客厅还是最好的地方。一是有个沙发你还能坐坐；二是他玩的时候你好歹还能吃口饭；三来小朋友来玩的时候，远远照看一下就好，不用尴尬地听着高分贝声音。而且从3岁以后，小朋友一般都上幼儿园了，我们也可以把部分客厅"收复失地"啦。

不想客厅看起来太乱？简单！想办法把游戏区藏起来。同一个空间划分游戏区和非游戏区。

具体操作如下：用沙发或玩具架隔开。如图所示，基本还是一个清清爽爽的客厅吧，奥秘在正对面的沙发背后。

如果没有单人沙发，也可以直接在宝宝玩具架后面加一块素色布帘，总之把五颜六色的玩具架挡住就好了。

沙发背后的游戏区

客厅里阳光最好的位置，毫不吝啬地拿出来给宝宝用。大约两平方米的面积，有书、有玩具、有黑板，小朋友可以写写画画、看书、玩玩具。

玩完之后，如果爸爸妈妈今天实在累得没力气收拾，就偷个懒，反正在客厅那边也看不到。

规划好玩具的分类和位置之后，可以慢慢培养小朋友的习惯。

阅读区为什么不放在儿童房里面呢？我的想法是玩耍和阅读都很重要，如果客厅只有玩具，看书反而要去儿童房，那很容易让小孩子只玩不看书了。如果把书和玩具放在一起，动静就能结合着来。当然，睡前讲故事的时候带一两本过去就好了。

位于客厅的阅读区

阶段三：6~12岁 学习区域在哪里

通常小朋友到了 6 岁左右就要做上小学的准备了，这时候大家一般会给他们预备一张学习桌放在儿童房，我家则是搞了张大桌子放在客厅（图见上文第 80 页）。那会不会太吵呢？其实还好，当时考虑的原因有三点。

①小朋友回家开始写作业的时间一般是放学后四点多，那个时间我要么工作、要么做饭，他在客厅我们方便交流。

②小朋友刚上学，需要养成良好的学习习惯，但我又不想像一个监考老师那样搬把椅子坐在旁边，而且很多时候我也在忙着工作，所以一张大桌子成了最佳选择。他写作业，对面的我忙自己的事，抬起头来就能互相看到，他有问题我随时解答。这种情况更多的是陪伴而不是监督。

③客厅相对房间里热闹，可以变相地培养他的抗干扰能力。

这个方案目前已经施行一年多了，一切顺畅。小朋友放学后先写作业后吃饭，我就算出差不在家，问题也不大。

在他开学前，我为他的衣柜做了规划，能挂的挂起来，连叠衣服的时间都省了，找起来也很方便。下面的悬挂区是按他的身高设计的，放当季要穿的衣服。开学后，每天早上他自己找衣服 1 分钟就搞定。衣柜上面他够不到的区域我来管理，放非当季的衣服。

冬季外套及备用

非当季区域，妈妈管理

当季区域，小朋友自己使用

今晚睡衣

袜子

团子的衣柜

阶段四：12岁+

问问孩子"你想怎么样？"

估计小朋友小学毕业后（当然也可能提前），也就是快进入青春期的时候，会更多地需要自己的私密空间。等到了那个时候，我会搬出规划整理界最有名的那句话："你想怎么办？"只要小朋友提出的方案合理可行，我们就按他说的办。

16   给你家的餐桌找一个好搭档

餐桌的物品收纳一直是个问题，搞不好就是个杯盘狼藉的后果。过去我尝试过餐边柜的方案，事到如今我发现餐桌柜是个更好的选择。

台面无物是个梦

我从前上班时无意中发现，整个办公室只有一个人的办公桌是干干净净什么都没有的，这个人就是办公室里职位最高的人。工作时他的桌子上只有电脑和水杯，下班后就什么都没有了，阿姨打扫起来特别方便。

开始学习整理之后，发现"台面无物"乃整理收纳的最高境界。但是"臣妾做不到啊"！看看以前的餐桌吧。纸巾、水杯，还有文件……但是，这么乱真的是餐桌的错吗？

餐桌的功能

　　餐桌是干什么的？大家肯定会说"吃饭的"。

　　没错！餐桌就应该是一家人快快乐乐一起吃饭的地方，那么，除此之外的东西为什么会出现？

　　十有八九是因为餐桌是一进门第一个可以放东西的空间，高度又那么合适，随手一放多轻松啊，所以很多杂物就堆积上去了。

　　其实，餐桌对面就有一个餐边柜，但是自从买来就觉得不好用。透明的玻璃怎么放都觉得乱。虽然离餐桌只有几步路，但没人愿意用。

想明白之后，我重新规划了整个餐桌区域。研究了一下，出现在餐桌上的东西无外乎以下几种：

首先，伴随吃而来的是吃饭用的餐巾纸和筷子、勺子这些餐具。

喝水的电热水壶、凉水瓶、水杯。

还有水果，如果不摆出来，估计也想不起来吃。

其他还有一些和吃喝完全无关的东西。

结论：需要一个能装下以上物品的柜子。

餐桌柜登场

当时研究了很久，各种柜子看了个遍都没有特别满意的。后来无意中发现家里这个给团子装玩具的柜子，高度基本和餐桌一致，于是，就是它了。

效果如何？有图有真相。

吃饭或者工作结束后，将物品收回放至原来的地方，桌面终于可以长期保持"无物"。

将物品都放到餐桌柜上，餐桌终于清爽了。

餐桌柜升级

前年搬家后，现在的餐桌柜承载了更多功能。还是来一张图看看吧，8 个格子还是很好用的。

分区	餐边桌			
台面	蒸烤箱、电饭锅、水果盘、水壶			
上层	纸巾 / 餐具盒	变压器	饼干 / 坚果	水杯
下层	"快吃"篮	备用矿泉水	酒	麦片 / 饺子醋

①蒸烤箱和电饭锅摆在餐桌桌上便于散发蒸气，盛饭也很方便。

②电热水壶、凉水瓶放在进门处，下面就是水杯，喝水非常方便。

③水壶边上就是水果盘，位置明显，是为了让家人和自己多吃水果。

④桌子左上角放了餐具盒和纸巾，每天吃饭时爸爸负责把这两个盒子拿上来，用完之后妈妈收回去。

餐具盒

⑤左下角有个篮子我叫它"快吃"篮，里面放的是一些面包、打开的零食等需要很快吃掉但又不需要放进冰箱的东西。

⑥旁边的白色小柜子上还放了微波炉。未来计划把微波炉和多功能蒸烤箱合而为一，直接上个水波炉。

一开始计划在这个小桌子上临时吃个早餐，但大家马上就发现实在太方便了，于是一日三餐都在这里吃。就连不吃饭的时候，大家也愿意在桌子边上坐着喝点水、吃点水果、聊个天，真的很方便。团子的小朋友们来了，也喜欢在这儿吃点儿点心。

唯一遗憾的是，餐边桌的颜色不是白色，要不就完美了。

你家应该怎么做

我估计很多同学看到这里会热血沸腾地想问，这是什么牌子的？多少钱？在哪里能买到？

且慢！不同人家的需求不同，请你先冷静思考一下，你家餐区的问题是什么？是否有了这个柜子，问题就能完全解决？

我之所以选择餐桌柜是因为旁边有一扇大的推拉门。正常来讲，我更推荐的是餐桌高柜。它的功能和餐边桌类似，只是增加两点：

① 台面推荐用厨房台面，或者台面上使用托盘。

② 如果餐桌柜上方还有空间，可以直接加一组吊柜，放咖啡、茶叶等冲饮品。

当然，其他柜子也可以。只要符合你家的需求。需要注意以下几点：

① 高度：台面高度最好和餐桌高度一致或者接近，使用起来才更安全方便。

② 底部：任何柜子如果和餐桌无缝对接，底部要么用推拉门，要么索性天下无门也罢。因为有门不如无门用起来方便，而且有餐桌椅遮挡，乱点别人也看不到。

③ 抽屉：如果能够在台面下第一层配几个小抽屉是最理想的，把餐具、纸巾等收进去。如果没有也没关系，用一个尺寸合适的托盘或篮子保证物品拿取容易即可。

④如果买不到理想的，可以去橱柜厂家定做一个。

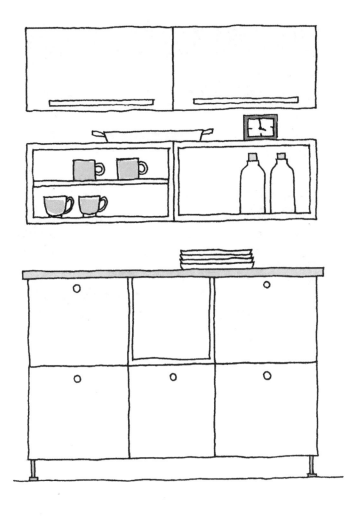

17　规划让你的厨房由小变大

说起厨房规划，大家的第一个反应肯定是"取－洗－切－炒－盛"的动线吧！简单地说，烹饪的过程就是取出食材－清洗食材－加工食材－烹饪食材－食材装盘。这个动线如果不合理，做个饭能把人累坏。

此外，大家也会想到 U 型厨房吧。现在又推出了最新的深 U 型厨房，我看了以后，口水流满了键盘。再看看自己家的厨房，恨不能拆了重新盖一个。这也就是说说而已，别说重盖，就是重新装修都是个大工程。因为民以食为天，厨房涉及全家人的一日三餐，里面有水、电、煤气，不是你想换就能换的。

所以，深 U 厨房、中岛、大厨房的梦想我们也就是想想。还是来看看我们眼前的苟且吧，如何在不花钱或者少花钱的情况下把我们的厨房由小变大呢？这才是我们要研究的课题。

《六祖坛经》里说过"时时勤拂拭，勿使惹尘埃"，如果我们的厨房台面、墙面无物或者少物，我们就可以在炒完菜之后花个几分钟把台面、墙面擦一下，当然就容易拥有一个干净又不需要花大把时间打扫的厨房了。

可是，厨房台面无物？这怎么可能？其实，如果能把台面上的物品收纳到合理的地方，台面上不就没有东西了吗？所以，接下来我们要讲的就是关于厨房物品的规划、整理和收纳。

厨房物品规划

说起厨房，堪称是家里物品种类最多的地方。一般的衣柜里都是衣服，最多加点床品、饰品什么的；一般的书柜也都是书籍和文件，最多再来两瓶酒。只有厨房，吃的、喝的、五谷杂粮、油盐酱醋，外加各种日新月异的小家电，中餐、西餐的各种食材和配料，想想都头疼。

那么，如何才能把这些东西规划好呢？

分类			项目	描述
一	清洁	1	盆	洗菜、洗米、洗肉、洗水果
		2	洗涤类	洗涤剂、洗手液
		3	垃圾	
		4	围裙	
		5	手套	
		6	厨房纸品	
		7	抹布	
二	餐具	1	碗	饭碗、面碗、汤碗
		2	盘	
		3	筷、勺、叉、刀	
		4	碟	
		5	杯	水杯、茶杯、咖啡杯、酒杯
		6	保鲜盒、饭盒	
		7	水壶、保温杯	
		8	客用餐具	
三	饮食材料	1	米面	中餐面粉、面条等
		2	杂粮	黄豆、绿豆、黑豆
		3	干货	木耳、蘑菇等
		4	蔬菜	进冰箱和不进冰箱两种
		5	水果	
		6	西式早餐食品	面包、蛋糕、麦片等
		7	零食	坚果、饼干、巧克力等
		8	酒水饮料	牛奶、咖啡、茶、酒等
四	调料	1	中、西餐烹饪用	
		2	中、西餐用餐用	
五	烹饪	1	锅	
		2	炒菜铲、勺子	锅勺、汤勺、漏勺
		3	菜刀、菜板	
		4	中餐小工具	削皮器、擦菜板、葱蒜工具等
		5	西餐小工具	水果工具、吸管、冰淇淋勺等
六	小家电	1	高频使用	电热水壶、电饭锅、微波炉
		2	低频西餐使用	烤箱、面包机、厨师机等
		3	低频中餐使用	豆浆机、果汁机、火锅等
七	烘焙	1	面粉	高筋粉、低筋粉
		2	辅料	奶粉、糖粉、砂糖
		3	模具	蛋糕模具、饼干模具、面包模具
		4	工具	称、量勺、打蛋器、刮刀等

如果你有兴趣，可以自己分类，如果你想偷个懒，可以直接来我这儿看现成的。

看花眼了？那我给您个简略版的吧，只要你家有水槽、备餐区、灶台和架子区，这个方法就能用。

我们按照用途把厨房物品分个类吧。分别是：

①洗刷刷用的清洁类。
②吃饭用的筷子、勺子、叉子、碗、盘等，喝水用的水杯、茶杯等。
③等着被我们吃掉的食材类。
④帮助食材调味的各种调料类。
⑤烹饪用的锅、勺子和铲子等工具类。
⑥电饭锅、微波炉等小家电类。
⑦近几年比较流行的烤蛋糕、烤面包的烘焙类。

如果你不碰烘焙，恭喜你，少了一大类。

今天我们要整理的是一个比较大的厨房，也许有的朋友家里厨房没有这么大（如：迷你型厨房、标准型厨房），但没有关系，因为厨房不论大小，只要有冰箱、水槽、备餐区、灶台或者其他角落，就可以按以下分类把物品收纳整齐（以厨房为例）。如果厨房大，有富余的空间，可以再根据物品多少，配置专门的区域给多的物品即可。

分区	储存区	清洁区域	备餐区域	烹饪区域	小家电区域
位置		水槽	菜板	灶台	角落
上柜上层		酒杯	干货	抽烟机	轻、不常用电器
上柜下层		水杯、饮品	餐具		轻、常用电器
墙面	冰箱	搁架			水果、蔬菜
台面		水槽	菜刀、菜板	灶台	牛奶、饮料
地柜上层		盆	五谷杂粮	炊具、调料	烘焙用品
地柜下层		清洁用品	米面	常用锅	备用食材

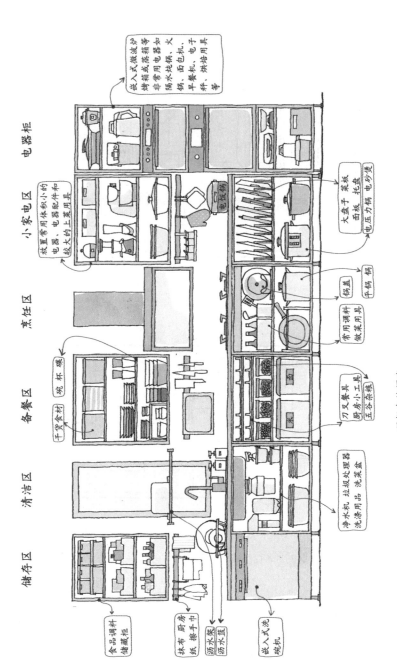

储存区　　　清洁区　　备餐区　　烹饪区　　小家电区　　电器柜

嵌入或蒸箱等常用电器如隔水炖锅、面包机、火锅、早餐机、电子秤、烘焙用具等

放置常用体积小的电器，电器配件和较大的上菜用具

大盘子 采板 面板 电压力锅 托盘 电砂煲

锅盖 平锅 锅

常用调料 做菜用具

刀叉餐具 厨房小工具 五谷杂粮

净水机 垃圾处理器 洗涤用品 洗菜盆

食品调料 储藏柜

抹布 厨房 纸 擦手巾 沥水架 沥水篮

嵌入式洗碗机

理想中的厨房

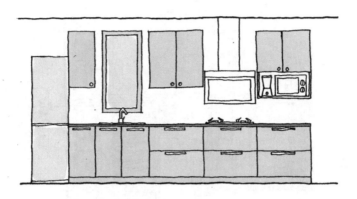

迷你型厨房

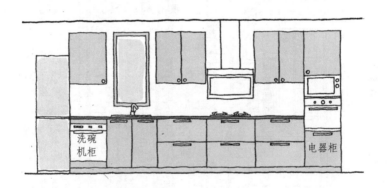

标准型厨房（比迷你型的多一个电器柜和洗碗机柜）

厨房物品规划的原则：

①就近：位置要就近，例如水盆收在水槽下，锅收在灶台下，离得近的话，用起来会方便。

②集中：分类后同类集中便于使用，也方便掌握物品的数量，比如粉丝已经有两袋了，最近就不需要购买了。

③站立：无论是锅、盘子还是任何东西，争取都站立收纳，拿取方便。

④无物：如果想五分钟清洁厨房，尽量将物品收纳在柜子或抽屉里面，台面、墙面少物或者无物。

⑤头要"轻"，脚要"重"：就是轻的东西放吊柜，重的东西放地柜。

⑥区分客用、备用、不常用：厨房空间小、物品多，只留最常用的，客用和备用物品另外找地儿存放。

厨房物品整理

首先把所有物品取出来放到地面上，按照之前的分类，同类物品集中。

一看：看是否过保质期？瓷器如果有破损千万不要使用，特别是家里有小朋友的话，容易划伤他们的手和嘴。干货特别要看一下是否坏了。

二分：先把客人用的物品单独拿出来，再根据喜欢和常用两个标准把物品进行四分，最好将常用物品收到橱柜最顺手的位置，喜欢、不常用的物品和客用物品集中收纳，不喜欢、不常用的拿去流通。

三算：计算需要收纳的物品数量，并根据之前规划的位置配置合适的收纳工具。

四放：利用收纳工具将物品放到规划位置，并记得每次用过之后再放回来。

厨房物品收纳

清洁类

盆：说到清洁类，不能不提的就是各种洗菜、洗米、洗肉、洗水果的盆。因为每次洗东西都需要用到，直接放到水槽下会更方便。水槽下推荐放不怕湿的东西，如果下面有小厨宝，还不能放怕热的东西。

为了充分利用空间，可以使用水槽架，价格在30元左右。

改造前　　　　　　　　　改造后

盆在此推荐双底面洗菜盆，可以直接沥水，洗米、洗菜都很方便，价格29.9元。

双底面洗菜盆

洗涤类

各种洗刷刷的东西，有的一天用好几次，我们叫高频使用的物品。比如：洗碗巾、抹布、擦手巾等。这些东西每次用完都是湿乎乎的，有的还在滴水，必须放在水槽周围能通风的地方晾干，推荐在水槽附近安装一根横杆或者一个晾衣架。

还有洗涤液、洗手液这些天天用的液体，如果想要达到强迫症级别的整齐和美观，可以购买白色的容器统一收纳，记得用标签标记区分。

还有一些不是天天用的物品，我们叫它们低频使用物品，像刷子、手套（不是每天用的）或者其他备品，我们也可以集中收纳在水槽下面，用宜家瓦瑞拉，能把窄缝空间利用起来，找起来也很方便。

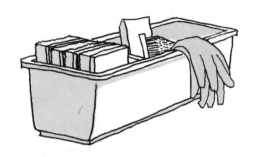

垃圾类

　　因为一般丢垃圾都会在水槽附近，所以如果能够把垃圾桶安排在离水槽近的地方会非常方便。垃圾桶如果能够高一些最好，不用弯腰还可以提高"投篮"准确率。

　　国外有内嵌式垃圾桶，但可能因为卫生问题很多人不大愿意放在橱柜里面，那么至少我们可以把垃圾袋收在水槽下。现在流行的垃圾处理器大家也可以考虑。大部分厨余垃圾都可以处理，环保又省力。

餐具类

餐具类包括：

①碗：饭碗、汤碗、面碗，按家中常住人口数量预备。

②盘：中式深盘、西式浅盘等。

③筷、勺、叉。

④杯：水杯、茶杯、咖啡杯。

⑤保鲜盒、饭盒：和餐具一起收纳，或者和保鲜袋、保鲜膜一起收纳。

⑥客用餐具或者非常用餐具单独存放。

所有餐具的位置建议大家灵活一些，跟着使用的地点走。比如说筷子、勺子、饭碗，其实每次都是在餐桌边上用得最多，可以准备一个餐具盒放到餐桌附近。

想灵活使用餐具，一个餐具盒就可以搞定。

推荐在餐区设计水吧，收纳烟酒茶咖、各种水杯、电热水壶的全套物品，减轻厨房压力。

盘子推荐离灶台近的地点收纳，盛菜的时候省力气。

保鲜盒的收纳可以把盒子和

盖子分开收纳，盒子尽可能叠放，可以节约空间。如果是塑料的，考虑到卫生问题要定期更换。

调料类

中餐西餐的调料之多简直令人发指，而且现在还有韩餐、泰餐、日餐等加入进来。但我们还是可以按使用频率分类后收纳。（因每家情况不同，以下供大家参考）

①高频类调料（几乎每天都会用到的）

液体类：油、酱油、醋、料酒……

固体类：盐、绵白糖、胡椒粉……

天天都用的东西一定要放在手边，推荐在灶台旁边配置调料拉篮。

调料不太推荐放在灶台附近，一是炒菜的油会溅到调料瓶上，收纳盒时间长了很难清洁；二是灶台附近温度、湿度都很高，调料遇热容易变质，如果是塑料容器的，还容易产生有害物质。

有的朋友说，我家没有调料拉篮。这也没关系，来个万能的小推车一样好用，或者用收纳盒装一下，打扫的时候一下子拿起来也很方便。

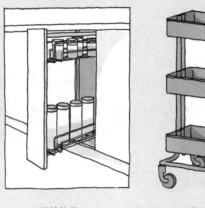
调料拉篮

万能小推车

②非高频类调料

液体类：意大利面酱、沙拉酱、柠檬汁、橄榄油、意式黑醋（做油醋汁时会用到）、鱼生酱油、芥末酱（做生鱼片会用）、蒸鱼豉油（蒸鱼用）等。

固体类：花椒、大料、干辣椒、桂皮、冰糖、红糖、玉米淀粉、砂糖（烘焙用）等。

不是每天用的调料，液体放进冰箱（橄榄油除外），固体放在抽屉里，没有抽屉用收纳盒装好放橱柜。

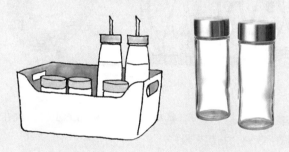

固体的可以使用收纳瓶收纳，根据调料大小选择合适容器就可以。

烹饪类

主要包括：

①大：锅、锅盖。一说起厨房用品，锅碗瓢盆，锅总是排在第一位的。那么一个家庭究竟需要几个锅？厨房里又该如何收纳对于烹饪很重要的锅呢？且听我一一道来。

基本款：七个就够了！

如果走极简路线，两个也没问题。就是一个炒锅加一个电饭锅，也能基本应付各种菜肴（锅的部分在后面会有专门的章节讲述）。

说到锅的收纳，除了电饭锅、电炖锅、蒸锅这种必须单独存放的之外，像煎锅、炒锅、小炖锅完全可以站起来，用个 M 型支架就可以。将它们放在灶台下面，炒菜时伸手就拿，都不用挪地儿。选择 M 型支架时一定要挑能调宽度的，除非你家的锅都是一样的宽度。

说完了锅，还得说锅盖：通用型自立锅盖，一个盖子顶一堆锅盖。

让锅能站起来的M型支架 　　　　　　　　通用型自立锅盖

②小：炒菜铲、大汤勺，就是和锅配套使用的工具，放在锅旁边，用一个小盒子收纳，站起来最好。

③菜板、菜刀、擦菜板、削皮器等小工具。

用小盒子收纳配套工具。　　刀推荐用瓦瑞拉刀具托盘　　菜板最好可以分类，
　　　　　　　　　　　　　收纳。　　　　　　　　　这样更卫生。晾干后
　　　　　　　　　　　　　　　　　　　　　　　　在抽屉或者橱柜侧面
　　　　　　　　　　　　　　　　　　　　　　　　站立收纳即可。

食材类

①主食：米类（大米、糙米、黑米等）、面类（白面、挂面、意面）。
②豆类：黄豆、黑豆、绿豆、红豆等。
③干货：木耳、蘑菇、紫菜、粉丝等。
④蔬菜：分能进冰箱和不能进冰箱两种。
⑤水果：分能进冰箱和不能进冰箱两种。

民以食为天，家家户户食材都不少。还是按照"头轻脚重"的原则，豆类、干货放上层，主食放下层。蔬菜、水果能进冰箱的进冰箱，不能进冰箱的放阳台架子上。

有几个不错的收纳工具和大家分享一下。滑门米箱储存米类，不占额外空间，比橱柜配的米箱便宜又好用。

其他四类食材用收纳容器保存。要点是透明、统一、充足、可买到。

透明是为了便于查找，统一是为了美观，充足的意思是要能把一整袋食材都收纳进去，避免装不下还需要另找地方二次存放。可买到就是最好买大牌经典款，以便于补充。

宜家德洛帕储物罐，玻璃材质，顶部也透明。

放入抽屉中的宜家德洛帕储物罐。

不能进冰箱的食材推荐用推车存放，安东尼组合，带脚轮，可以装菜也可以在请客后临时充当沥水车。

小家电

买哪些小家电可以满足我们的日常生活需求呢？

除了之前提到的电饭锅、电汤煲之外，几乎家家都有的就是微波炉了，现在有了新的水波炉，同时具有微波、蒸、烤的功能，如果有机会

会高频使用的电热水壶、电饭锅、微波炉、多功能蒸箱，可以集中收纳在餐边柜上。

低频使用的烤箱、面包机、豆浆机、
厨师机、果汁机等，推荐用高的架子
收纳在厨房或者阳台角落。

不推荐高频使用的小家电直接放到台
面上。

推荐一步到位。还有就是经常用到的电热水壶。咖啡机如果不会高频使
用，也要谨慎购买。

烘焙类

①面粉：高筋粉、低筋粉等。

②辅料：奶粉、糖粉、砂糖等。

③模具：蛋糕模具、饼干模具、面包模具等。

④工具：称、量勺、打蛋器、刮刀等。

如果不是烘焙发烧友，推荐用透明容器收纳，然后统一一个区域存放。

如果是发烧友，推荐设计一个专门的西厨区。

冰箱规划整理快速入门

第一步：从菜单开始规划冰箱

下面你不仅能看到属于我私人的"菜单"，同时我还将告诉大家如何定制一套专属自己家的菜单。有了菜单，我们就可以按单来采购，再不用盲目买买买了。

先说我家的菜单，因为目前我所生活的城市电商购物已经非常方便，当日到、次日到，生鲜、水果、酸奶全都给送货，所以冰箱囤货的意义已经不大了。学习朋友的经验，我设计了一个菜谱。

早餐：力争做到包含碳水化合物、蛋白质、水果、蔬菜，营养均衡、口味多样。

	MON	TUE	WED	THU	FRI	SAT
碳水化合物	自制面包	面	馄饨	包子	麦片	松饼
蛋白质	牛奶	鸡蛋	鸡蛋	酱牛肉	牛奶	酸奶
水果	水果	水果	水果	水果	水果	水果
蔬菜	小菜	小菜	小菜	小菜	小菜	小菜

（早饭）

晚餐：基本是一荤两素。下面是一个月的菜单，都是简单的菜式，煎、烤、蒸、煮比较多。

	红烧	清炖/蒸	煎烤	炒	煮	酱
鱼	红烧鱼	清蒸鲜鱼	烤三文鱼		鱼汤	
虾		白灼鲜虾	烤虾	冻虾仁		
鸡	红烧鸡腿	蒸鸡	烤鸡翅	鸡胸	鸡汤	酱鸡腿
猪	红烧排骨		烤猪排	里脊肉	排骨汤	
牛	红烧牛尾	炖牛肉	煎牛排		牛尾汤	酱牛肉
羊			煎羊排	葱爆羊肉		

再结合每周吃饭的人数，你大概就能计算出一周所需的食物量，最后发现其实需要在冰箱里放的东西并不多。

除了需要进冰箱的调料之外，冷冻层里面就是鱼、虾、鸡、猪、牛、羊等肉类各有两种就能吃半个月了。再加点馄饨、牛奶，早饭的食物储藏也搞定。

蔬菜水果因为有电商和小超市，基本不需要很多库存。买的多了，很容易忘记吃就坏了，也是一种浪费。

按照这个规划，其实根本就不需要特别大的冰箱，我家目前的三门冰箱四个人是完全够用的，而且冰箱小也可以督促你勤买新鲜的蔬菜水果。

在做完"菜单"的规划之后，开始进入冰箱整理的第二步。

冰箱整理五步法

第一步：取出。取出所有物品，如果怕坏了，可以分冷藏、冷冻两次取出。

第二步：查看。查看是否过期，东西是否变质，不好的就直接处理。

第三步：分类。根据冰箱的结构以及个人习惯，给不同种类食材一个固定区域，相同种类食材按类别集中。

第四步：计算。计算同类物品需要多大空间，需要几个收纳盒。

第五步：归位。将东西放在规划好的位置上，记得用完放回。

冰箱分区收纳法

收纳能否做好？除了食材的种类和数量，也取决于冰箱本身的设计，以我自己家在用的西门子三门冰箱作说明。

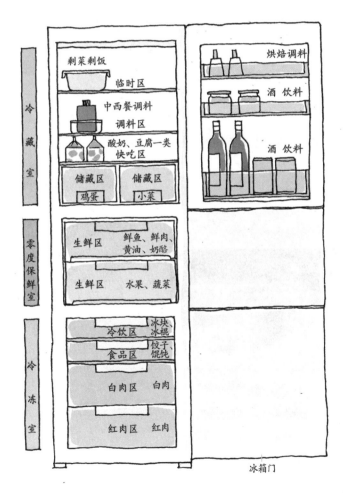

冰箱门

具体到每一个区域的收纳还有四个窍门。

窍门一：从电商买东西都会有一份购物单，把购物单用磁性夹夹在冰箱门上。这样，冰箱里有什么东西，什么日期买的，一下子就能知道。不是从电商买的也没关系，在冰箱门上贴一块磁性小白板，把从菜市场买的东西都写在上面，吃完就擦掉，也非常方便。

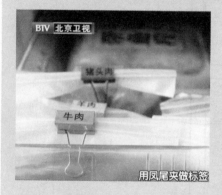

用凤尾夹做标签

窍门二：站立法。前提是你家冰箱的高度足够。各种食材记得用一个长尾夹夹住，标签机打个名字，这样就一目了然了。我之前在北京卫视做《暖暖的新家》节目时帮老奶奶整理的冰箱，牛肉、羊肉都站起来了，找起来特别方便。

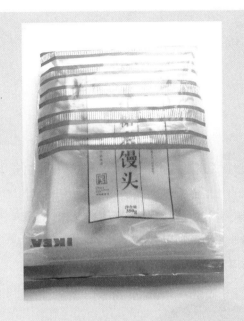

窍门三：使用保鲜袋更卫生。现在很多速冻的食品销售的时候，包装都很大。特别是速冻的饺子、馄饨，袋子打开后一般一次吃不完。可以用宜家的最大号保鲜袋密封起来。

窍门四：冷藏区域除了要利用冰箱原有的收纳架之外，还可以考虑用几个收纳盒，将中西餐调料分开收纳，用的时候会更方便。

你究竟需要几个"帅"锅

基本款：七个就够了

从烹饪方式来看，不论中式还是西式，无非是"煎炒烹炸蒸煮炖"。所以据此类推，锅像葫芦娃一样：有七个就够了！

①煎锅：早餐神器。煎蛋、煎松饼、中式的烙饼、锅贴全靠它了。在家请客或者吃大餐时，煎牛排也是个省事的好选择。日式料理也推荐用煎的方法代替炸，更省油也更健康。图为美食达人晒图中常见的柳宗理。

②炒锅：中餐必备，一口锅能炒菜、做汤（非广式汤）、炸东西，配上合适的装备还兼具蒸的功能。选择上，勤快的主妇可以选生铁锅，懒人就来个不粘锅。

日亚销量第一的
山田中式炒锅

③炸锅：可以用炒锅代替，但更健康的方式应该是空气炸锅，做薯条不用油，味道也不错，炸鸡翅可以把鸡翅本身的油炸出来，但缺点是使用频率不高（推荐用烤箱代替）。

空气炸锅

④蒸锅：中式的包子、馒头、螃蟹都需要，但单独存一个也很占地方，如果使用频率不高，推荐用电饭锅配蒸屉、炒锅配笼屉或者蒸箱代替。

当然，如果使用频率很高，还是推荐专门搞一个，免得到时候周转不开。

WMF的配套笼屉
实际上只要量好尺寸，从不锈钢到竹子，各种选择很多。

⑤煮锅：也就是江湖人称的"奶锅"，过去的主要功能是煮粥和热奶。虽然现在有了微波炉，热奶更快、更省事（少洗一个锅），但煮个醪糟汤、煮个小面条还是很方便。煮了之后可以直接端上桌吃，少洗一个碗这事我只告诉你一个人。

便宜好用的雪平锅

⑥炖锅：比较推荐电炖锅，避免发生忘记关火把汤熬干的情况。关键是省事，材料丢进去就不用管了，就算是新手，成功率也可以达到100%。而且如果是煲排骨汤或者鸡汤，除了喝汤之外，再把肉捞出来配点酱油，分分钟就是一道肉菜。有了一锅汤再来个青菜配米饭，一家人的晚餐就解决了。此外还有定时功能，你可以早上定时，回家就能直接喝现成的了。

有了电炖锅，夏天一包酸梅汤料，一家人都有健康的饮料喝；秋天来一锅蔓越莓桃胶银耳羹，日子和人一样滋润；冬天煲一锅汤，喝得暖身又暖心。

⑦电饭锅：居家必备，留学神器。电饭锅除了做米饭、粥之外，其实也能煲汤、做煲仔饭。花点心思学习一下，还可以烤蛋糕、做盐焗鸡。

拥有定时功能的电饭锅

升级版：8个推荐你自己选

虽说每家情况不同，但只要有以上七个"金刚葫芦"锅，基本上也能做出一桌大餐了。但是，社会的进步不就在于不断挑战自己吗？我们看看，有没有什么升级的神器或者是能一物多用的。

①铸铁锅：这也是传说中的大坑，为了大家我稍微地研究了一下就疯了。双立人旗下的史陶比（STAUB 2018）年新推出了一款三合一的锅，可以实现涮、炖、煎三种功能，其实盖子就是牛排锅。

史陶比三合一系列，锅盖可做烤盘。

然后，我好死不死的又打开了酷彩（Le Creuset）的网页，口水流了一键盘。普通款就长这样：

锅谁没见过，可是没见过这么美的花形锅。

紫色的锅也这么好看，颜控勿入。

然后，问了一下身边的朋友，有人表示已经入手将近 10 个，各种颜色、尺寸和用途。当然，这锅在国内卖得价格过高，大家可以考虑海淘。如果有亲戚朋友在国外可以让他（她）买一个寄回来，千万别人肉背回来，因为实在是太重了。

②高压锅：炖锅的加速版本，据说 30 分钟能出酱牛肉，但我感觉味道比慢炖的还是差点意思。

幼时听朋友讲她家高压锅爆炸，排骨飞到了天花板上，对此一直有阴影。现在据说很安全了，大家根据需要自行选择吧。

③牛排煎锅：普通煎锅的进阶版本，可以把牛排煎出漂亮的花纹，但除非是牛排爱好者，感觉用的机会不多。

④玉子烧锅：同上，煎锅的特殊形状版本，可以做出方形的厚蛋烧，但使用的机会应该也不多。切勿冲动，买锅没几个钱，收锅好费劲。

⑤电饼铛：号称做饼神器，但对于做饼专家，比如我老妈，她觉得不如平底锅好用。

⑥电炖盅：这个我感觉有点鸡肋，炖锅或者蒸锅配几个盅应该就可以替代它。

⑦塔吉锅：这个我个人很喜欢，因为快、省事，肉菜一锅出，十几分钟就搞定。而且颜值也不低，当个装饰品也好。

菜谱可以参考@nanananana酱的：
最上层：豆腐、绿叶菜等易熟、烂的
中层：各种肉
底层：萝卜、土豆、山药等吸饱水才好吃的东西
最底层：放一颗洋葱，避免糊锅而且可以增加食物的香气
附加:可以打一只蛋进去，酱油加糖淋上去好吃得不得了

⑧煎煮多用锅：颜值高、功能全，堪称聚会好帮手。配合不同的烤盘可以煎烤炒煮，还能做章鱼小丸子。

锅应该怎么收

看电影里面，米其林餐厅的厨房都明晃晃地挂着一排锅，很是令人羡慕吧？但你真把这场景搬到自己家里，只能是两个字——"悲剧"。因为餐厅的锅每天都会用，又有打杂的助理天天擦洗。如果到了自己家，日常炒菜做饭也就用2~3个，其他的只能放在那里落灰、落土、落油烟。最重要的是，如果你有挂锅的那面墙，为啥不搞一组柜子把东西都收进去？

首先，从使用方便的角度，推荐常用的锅（炒锅、煎锅、煮锅）就放到灶台下方。可以用 M 型支架 + 抽屉来收纳常用的锅。

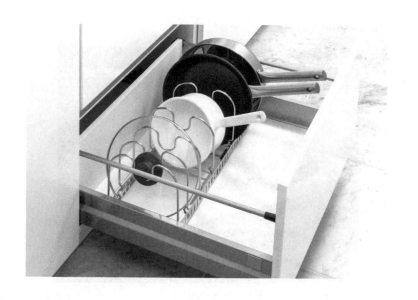

　　这个支架用来放锅，意外地合适，还可以根据锅的厚度调整，放锅盖也没问题。

　　如果没有抽屉，M 型支架放在搁板上也可以，侧着放，伸手就能拿到。如果高度不够，也可以摞放，注意把锅底洗干净就好。

　　其余的电饭锅、蒸箱因为有蒸汽必须开放式存放。电炖锅等可以用时拿出来，不用时收到柜子里。

提升厨房幸福感的八个小家电

烘焙四姐妹之一：多功能蒸箱

如果厨房只能有一个小家电，我的选择是"多功能蒸箱"，因为她能一专多能：

①蒸：可以代替电蒸锅蒸蛋羹、蒸鱼、蒸螃蟹，什么包子、青菜、地瓜之类也不在话下。

②烤：蒸箱虽然看着个头不大，肚量不小，能烤一整只鸡、八寸的蛋糕和一般的吐司，烤箱也可以省了。

③炸：炸无油薯条和鸡翅不在话下。

④发：面包放进去，恒温发酵。

⑤洁：能消毒宝宝餐具，还能自我清洁。

多功能蒸箱

按@冰老方子做的烤鸡，味道真是太赞了！

坦白来讲，如果拿单一功能去和专业的蒸箱、烤箱、空气炸锅去比，它肯定是逊色的，但是除非你家厨房像《欢乐颂》里安迪家的一样大，又除非你天天烤火鸡，否则居家过日子还是一物多用不占地儿的好。

电视剧《欢乐颂》里安迪家的厨房。

烘焙四姐妹之二：面包机

以前有朋友送过一个面包机，做出来的面包很像俄罗斯的大列巴，硬且无味，很快就闲置了，后来改成专门和面用了。

某天，看一个美食达人小岛妈妈的微信朋友圈，她居然用面包机做吐司，还说跟自己手揉的相比也不差，立刻在我心中又种下了小小的草。但是家里放着一个面包机，总不好再买一个。突然，万能跳蚤群里出现了一个，500元立刻拍下付款抱回家。

不得不说，虽然都叫面包机，机和机之间差别还是很大的，这个面包机做出的吐司简直可以秒杀面包店。不仅如此，还可以做其他面食类。

从跳蚤群淘到的面包机 | 用面包机做出的红曲蔓越莓吐司A、热狗B、树叶豆沙面包C、比萨面团D、水饺E、生巧克力F

烘焙四姐妹之三：厨师机

如果你发现面包机不能满足你的烘焙需求，厨师机就可以闪亮登场了。我本着一贯勤俭持家的抠门儿精神，没有选颜值高、价格贵的凯膳怡（Kitchenaid），也没有选功能强、价格贵的凯伍德（Kenwood），而是选了博世，海淘不到 1200 元。

看到黑色袋子没有，除了搅拌杯和切菜器两个大件之外，其余零件都可以装到里面放在搅拌盆里收纳。

有了这个小机器，打发黄油，做蛋糕、做面包特别省力，分分钟出来一个重乳酪蛋糕（图左）和柠檬磅蛋糕（图右）。

因为这个机器自带一个搅拌杯，于是原来的搅拌机也送人了。图为芒果奶昔配梅森瓶。

烘焙四姐妹之四：早餐机

早餐总吃面包或粥还是会腻，特别是小朋友有时会点酒店配置的早餐，松饼我还能对付，华夫饼这个没有模具就不行了。后来发现，维坦托尼奥（Vitantonio）一个机器能做华夫饼、三明治、甜甜圈、鲷鱼烧、可丽饼、水果挞、帕尼尼、松饼、玛德琳、心形可丽饼 10 种早餐，简单省力，于是花三百多元海淘了一个。

早餐机的"战果"

甜甜圈

华夫饼 机器猫最爱吃的铜锣烧

韭菜盒子 葱油饼

厨房"好基友"之一：洗碗机

洗碗机洗起碗来确实比手洗得
干净且省水，还兼具了消毒功能。
西门子的嵌入式产品也得到了人们
的推荐，大家可以自行研究。因为
不想拆橱柜，我买的是松下台式的。

厨房"好基友"之二：电热水瓶

电热水瓶很方便，一次加热后自动保温，我一般设成80℃，泡茶
很方便，60℃还可以冲奶粉，正好借此一举淘汰了电水壶和暖水瓶。把
它放在餐边柜上，喝水更方便。这款有锁定键，不解锁不会出水，也不
用担心有小朋友会烫伤。

厨房"好基友"之三：垃圾处理器

每天丢垃圾很麻烦，而且夏天的时候味道不好闻。我开始研究垃圾处理器，入手的小伙伴都说是好帮手。

厨房"好基友"之四：咖啡机

我的闺蜜格格巫同学一家都是重度咖啡爱好者，每天早上至少会消耗4杯。她入手了德龙的咖啡机，配合宜家小推车，感觉还挺和谐。

垃圾处理器

德龙咖啡机+宜家小推车

总 结

每家的厨房都不一样，里面的电器、工具、食材、调料也千差万别。所以，大家参考即可。

①规划之后，请整理。

②分类后，同类物品存放在一起的好处是，你会发现，原来你家有3袋盐、4个电饭锅。下一步，该扔的扔、该送的送。

③如果追求升级也没问题，铁律就是进一出一，进一个电饭锅务必出一个电饭锅，如果你觉得现在的还好，就不要买新锅。

④不要过度追求大包装，一卷1000米的保鲜膜足够普通人家用10年。建议买小一点的包装，因为除了保鲜膜本身的价格，它占的空间也是钱。

⑤不要过多囤积，特别是便宜几块钱却要占掉一平方米的东西。一平方米在北京值多少钱？大家心里都有数。

⑥低频的物品一年不用请丢弃，记得下次不要再买。如果厨房不能变大，至少我们可以让东西变少。

按照上面的方法，可以做到厨房台面、墙面基本无物。备餐切菜有地方了，杂物都收纳起来，自然就感觉厨房"大"了。

18 打造梦想中的浴室

四分离法打造梦想中的浴室（适用于装修阶段）

什么是四分离

四分离是指浴室、马桶、洗手盆和洗衣机分布在四个不同的空间，便于利用。

好处：四个空间的话，就可以最多四个人同时干四件事了。以下图为例，爸爸可以在厕所拉臭臭，姐姐可以在浴室里美美地泡澡，弟弟洗脸刷牙的同时妈妈可以洗衣服！

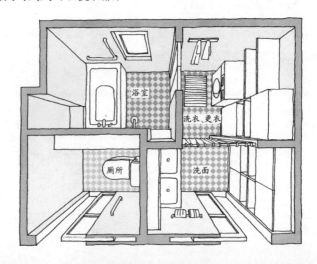

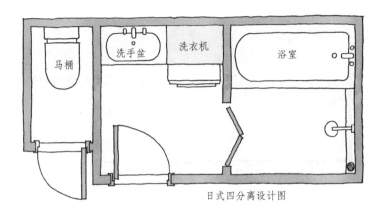

日式四分离设计图

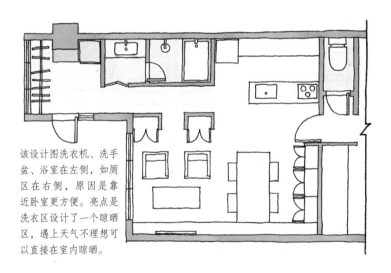

该设计图洗衣机、洗手盆、浴室在左侧,如厕区在右侧,原因是靠近卧室更方便。亮点是洗衣区设计了一个晾晒区,遇上天气不理想可以直接在室内晾晒。

四分离如何做

能否四分离，还要看使用习惯、户型设计，我们目前比较常见的做法是干湿分离。

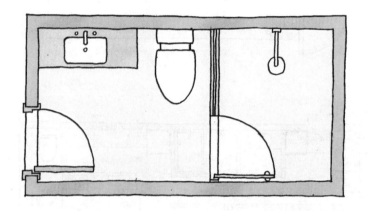

如果家里只有一个人，分不分区就无所谓了。但是，在有第二个人的情况下，分区会非常方便，相信谁也不愿意洗脸的时候旁边有人在拉臭臭吧。

四分离四步走之一：洗衣机分离

就算是为了安全，也强烈建议把洗衣机先分离出去。

可以单独为洗衣机规划一个区域（如第159页上图所示），洗完澡出来直接洗衣服。如果配合烘干机或者取暖干燥机，还可以实现晾晒功能，特别适合南方的居民。

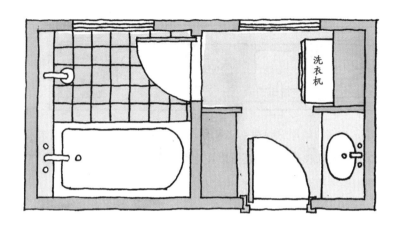

北方现在雾霾多，也可以考虑几个备选方案，比如洗衣机在走廊：

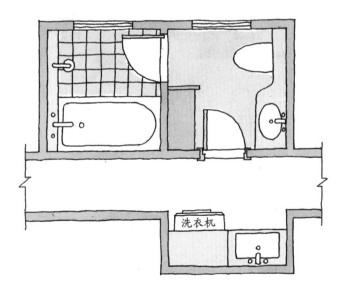

洗衣机在厨房：

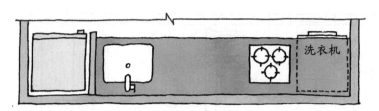

洗衣机的最理想归宿当属家务间。这是主妇的小天地，没有熨烫的衣服都可以放在这里，还可以在这里工作和辅导孩子功课。

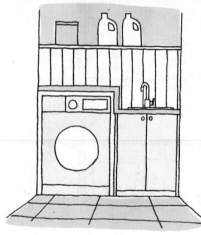

当然，在中国家务间还属于豪华配置，如果不是全职主妇也没有必要。但找个阳台，实现洗衣、晾衣、熨烫这几个功能应该不难吧？再配个晾衣架和熨衣板，一个简单的家务区还是可以实现的。

四分离四步走之二：洗手盆分离

比起迁移马桶的技术和风险，洗手盆的位置可以相对灵活，放在公共空间也很方便。目前国内的浴室设计基本上都是洗手盆＋马桶＋淋浴（浴缸）。分离的方案有：

在洗手盆和马桶之间砌堵假墙。空间够的话，可以用收纳柜代替墙。

配上镜柜和底部抽屉柜，收纳能力大大提升，简直称得上完美。

四分离四步走之三：马桶分离

这步是最最必要也是最难的一步，特别是国内的户型往往会把马桶放在浴室中心，让你想分也分不了。如果你提出这个方案，十有八九会被设计师和施工队摁死。但是，他们不愿意做并不等于不能做。知乎大神豆叔已经为我们指明了出路：隐蔽式水箱＋壁挂马桶＋移位器。

如厕间也可以很干净整齐，还兼顾储物功能，比如一提卷纸，终于有地儿放了。

四分离四步走之四：淋浴、浴缸分离

是否需要走这一步看个人习惯。日本人的习惯是全家人泡一缸水，所以泡之前要洗净身体。但中国人一般不是天天泡，所以也可以直接来个浴缸就行。

至于说需不需要浴缸这事，请考虑清楚，如果将来会有小朋友的话，建议还是来一个。小朋友六岁之前洗淋浴的可能比较少，浴缸就是他们的"游泳池＋游乐场"，而且泡澡还是很舒服的。

淋浴、浴缸的配置视具体情况而定。

四分离需要多少面积

相信四分离的好处大家都很心动，那么四分离究竟需要多少面积？答案是 8 平方米就够了。

看一下每种功能的标准面积吧：

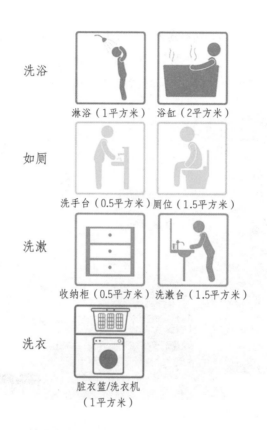

洗浴　　淋浴（1平方米）　浴缸（2平方米）

如厕　　洗手台（0.5平方米）厕位（1.5平方米）

洗漱　　收纳柜（0.5平方米）洗漱台（1.5平方米）

洗衣　　脏衣篮/洗衣机
　　　　（1平方米）

四分离后的浴室紧凑合理，长这样：

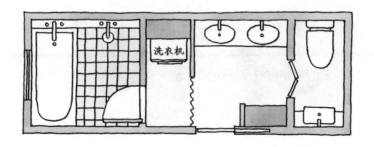

如果不是一家人都泡一缸水，我觉得可以把淋浴和浴缸合而为一，这样，四分离只需要 7 平方米。如果洗衣机能另找地方，6 平方米就能实现。

　　你肯定会说，6 平方米也很大啊！我上哪里去找？事实上是，现在 100 平方米左右的户型有很多就设计了两个卫生间，加起来也差不多有 8 平方米了。如果家里不是天天高朋满座，其实客卫和客房一样根本就是闲置。还不如把两个卫生间好好筹划，用四分离法改造一下。

经过四分离法改造后的浴室效果图

老房子的浴室还有救吗

上一篇的四分离基本都需要在装修阶段动手，现在已经入住的朋友们有意见了。接下来就说说不拆墙、不动土的改造方法。

先静下心来，想一想，现有的浴室有什么问题？你或者家人有什么不满意？

入住 N 年后，一般浴室会出现的问题总结如下：

①瓶瓶罐罐堆满洗手池附近，想擦一下台面都费劲。

②各种护肤品、化妆品太多，有的时候因为忘记用就过期了。

③大人孩子的各种毛巾多达十几条，晾晒、收纳是个挑战。

④买了一提卷纸，无处收纳。

⑤婴儿洗澡盆、洗脸盆、洗脚盆等各种盆找不到地方存放。

⑥洗澡时，夏天感到热、冬天感到冷。

涉及的问题如下：

①收纳：

小：护肤品、彩妆、牙具等。

中：毛巾、洗脸盆、洗脚盆、卷纸。

大：婴儿浴盆、大浴巾。

②晾晒：毛巾、浴巾、随手洗的小衣物。

③温度、湿度调节：冬暖夏热去水汽。

浴室规划

首先从规划角度想想，我们真的需要这么多东西吗？

先说说各种泛滥的盆。

婴儿浴盆随着宝宝长大肯定会淘汰，这个暂时不去管它。如果家里已经安装了洗面盆，那脸盆就可以淘汰。热水器、小厨宝、电热水龙头都能解决这个问题。

现在很多浴缸配套的龙头角度都不再是直上直下，而是略有倾斜。这个角度让我们坐在浴缸边洗脚变得很容易。如果您喜欢泡脚，也没问题，那就留一个大而深的泡脚盆好了。

各种洗屁屁盆干的事高科技马桶圈的功能分分钟能搞定，再不济洗澡的时候顺便洗洗也没问题。

再说说毛巾，其实也可以淘汰。

作为前世界 500 强纸巾公司的员工，我把纸巾彻底地应用到了生活的方方面面。

洗脸之后不用毛巾，直接用纸巾擦脸，干净、方便、卫生。客人来了，洗手间备着擦手纸。由于此擦手纸吸水性能良好，还可以代替擦脚布，把脚丫擦得干干净净。

最后说说护肤品、彩妆和洗浴用品。

由于我从前是搞市场营销的，所以对于很多商家的套路知之甚深。加上人比较懒，所以经过大浪淘沙总结如下，护肤品、彩妆和洗浴用品只需要 19 个就基本能搞定：

洁面 3 个：卸妆、清洁和去角质。

护肤 4 个：水、精华素、面霜和眼霜。

清洁 3 个：洗发水、护发素、浴液。

彩妆 6 个：防晒、隔离、粉底液、散粉、眉毛套装、口红。

其他 3 个：面膜、护手霜、润唇膏。

浴室收纳

哪些东西是一定要放在浴室的？

其实护肤、化妆都最好在自然光线下，如果能在卧室给女主人规划一个梳妆台是最理想不过的。

当然，浴室够大，早上又经常遇上几个人抢洗脸池的情况，也可以提前规划两个"池位"。

如果你对以上都不满意，那么也有短平快的方法解决。

最简单粗暴的一招，就是镜柜！

洗手盆的形态各异，不一定每家都能安装抽屉或柜子。但是只要你家洗手池上方有一块墙面，那么就来个镜柜！

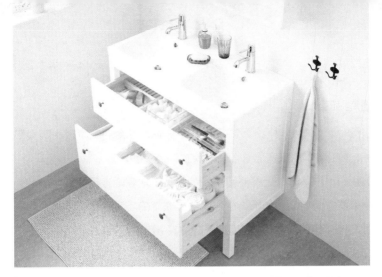

如果可能，增加洗手盆下部的收纳空间。 最理想的当然是抽屉，使用方便。

如果遇上架子，也没问题。就像解决衣柜收纳的问题一样，给架子配个抽屉。尽量配合架子尺寸，选一个空间利用率最高的即可。没有架子，也没问题，自己配一个好了。搬家时还可以拿走。

　　有了镜柜和洗脸池柜，基本上东西都有地方放了。盆子也可以收在柜子底下，记得量好尺寸，确保能装进去就可以了。

　　如果婴儿浴盆过大，也可以考虑上墙。选择合适的挂钩，美观的同时也可以沥水。

浴室晾晒

当然"术业有专攻",如果不怕麻烦把东西都拿到晾晒区去晒太阳是最好,但随着雾霾天气增加,感觉室内晾晒也是个好主意。

浴室的毛巾基本每天都要使用,如果能就地晾晒肯定最方便。只是浴室原本就空间狭窄,如果再放普通的晾衣架确实没地儿。之前去欧洲旅行时发现,他们的酒店没有浴霸,但有一个电暖架(下图左),洗澡如厕都很暖和之外,也能让毛巾变得干燥又柔软。回家我也搞了一个,居然在桑拿天也发挥了作用。

虽然暖气片也有类似形状的,但除了采暖季之外就不能用了,有点遗憾。

浴室温湿度调节

还有一个心头好安利给大家——取暖干燥机,价格一千多元,是秒杀浴霸的好产品。家里有小宝宝的强烈推荐用这个代替浴霸。据生活在杭州的小伙伴介绍,在南方,看是否有钱的一个标志就是梅雨天谁能穿上干的内裤。如果有了这个,似乎你也能过上有钱人般的生活了。夏天它能吹凉风,这点也深深地打动了我。

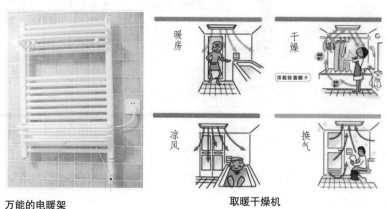

万能的电暖架   **取暖干燥机**

19 阳台晾晒悲剧如何避免

你一定会说，晾衣服谁不会啊？这还用教？非也非也，这次我们要说的是晾衣服的地点。从小我们就被教育，"衣服要见太阳，紫外线杀菌"，所以大部分人家都会把衣服晾在南向的客厅阳台上。只是，衣服不是花、不是草，晾起来其实很难看。你想象中：面朝大海春暖花开，白衣如雪随风飞扬。

现实是：五颜六色各种尺寸，内衣袜子全部都在。

当你到亲友家做客，通常一进门走到客厅，大部分景象是：满屋阳光全挡住，一杆衣服晾起来。就算没有客人，自己家里常常如此也让人不舒服。那么，有什么方法避免这样的"悲剧"吗？

方法一：非客厅阳台

为什么强调非客厅阳台呢？因为只要在客厅阳台晾晒衣服，就非常容易产生悲剧。

生活中有美的东西，肯定也有丑的东西，颜值再高的马桶、垃圾桶、扫帚、拖把也不适合让外人观赏。但我们可以开动脑筋，想办法把美的东西露出来、丑的东西藏起来。

同理，客厅是招呼客人的地方（虽然这个功能用得不多），更是一家人活动的地方，保证每个人的心情愉快非常重要。

国外的阳台为什么看起来都很美？因为他们不在阳台晾衣服。

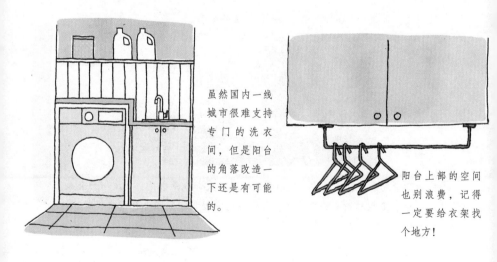

虽然国内一线城市很难支持专门的洗衣间，但是阳台的角落改造一下还是有可能的。

阳台上部的空间也别浪费，记得一定要给衣架找个地方！

优先规划好合理的晾晒地点之后，客厅阳台你就可以尽情养花养草、养鱼养鸟，再配把舒服的椅子，晒晒太阳喝点茶，日子简直太舒服了。打造成家居美图也绝非不可能！当然，可能大部分房子都只有一个南向的阳台，而且这个阳台 90% 以上都在客厅旁边，衣服不得不晾在这里。还有办法吗？

方法二：客厅阳台规划

通常客厅阳台都不会正好和客厅窗户等宽，那么多出来的角落就可以做点文章。

从动线最短也就是做家务最省力的角度，大力推荐在阳台上洗衣、晾晒、折叠、熨烫，换句话说，阳台应该是个小小的家务间。如果能把拖把、扫帚、吸尘器也放在此处，你家的卫生间就能彻底解放出来了（以第 174 页上的阳台为例）。

第一，整个区域是利用了阳台的一个角落，如果沙发也和家务这一角设在同一个方向，坐在沙发上，墙体会遮住凌乱，实现"看起来很美"的小目标。

第二，洗衣和晾晒在一起，动线完全可以默认为接近于零距离。洗完了拿出来直接晾上，然后在洗衣机的台面上折叠、熨烫。

第三，关于晾晒量。目前看起来不太大。但如果需要，也完全可以增加一个落地式的晾衣架，床单、被罩等大件也能搞定。

仔细看看这个阳台，可谓"麻雀虽小，五脏俱全"。

　　第四，洗衣机上方和侧面的空间也没有浪费。利用搁板和带轮的安东尼组合，收纳了洗衣液、衣架等零碎物品。

　　第五，费用在几百元左右，可以用宜家艾格特系列根据需要自行组合。

如果想实现阳台洗衣，最关键的当属安装上下水，洗衣服的水千万不能直接走雨水管以免污染环境。

如果已经装修完，不能安装洗衣机，至少也可以把晾晒、折叠、熨烫放在一起。既节约空间，也避免未折叠的衣服占据沙发或者床的空间。

如果提前研究好沙发的位置，把沙发和洗衣、晾晒规划在同一个方向，然后另一边就可以养花养草，这样至少你坐在沙发上看到的不是乱糟糟的一堆，而是美丽的花草，心情也会好很多。

方法三：勤快

如果阳台特别小，找不到这个可以藏东西的角落怎么办？

我闺蜜家的客厅清清爽爽，出于职业习惯，我八卦地问"你家衣服晾哪里？"她的回答居然是"客厅阳台"。我当时就晕了，完全看不出来啊。后来她告诉我，"聪明机智"的她一般傍晚洗完晾上，拉上窗帘，第二天早上就收了，所以客厅保持了高颜值。

当然，这里面有个前提是她是大学教授，早上时间相对自由一些。不过即使是上班族也可以请老人或者小时工代劳，或者晚上回家就把衣服先收了。

TIPS：如果想省力，可以考虑把家里的衣柜设计成悬挂区多一些的方式，多悬挂、少折叠。

方法四：干衣机

如果你时间紧张、工作繁忙、家里又没人帮忙，怎么破？还有机器啊！

干衣机对于北方人估计如同加湿器对于南方人一样，"我真的需要这玩意吗？"北方很多朋友觉得家里已经够干了，特别是冬天采暖后都要配加湿器了，还需要吗？

答案是：有了之后生活会更美好！

如果有干衣机的话，大部分衣物可以实现"就地正法"，也就是洗完就烘干，然后直接收到衣柜里，阳台再不会出现乱七八糟的衣服了。或者这么说吧，投资干衣机虽然要花两千多元（也有更贵的），但是可以节约一大块地方，就算一平方米吧，那也是几万元。而且每次洗完衣服要晾要收很麻烦，这些不增加幸福感的劳动如果不能外包的话，就只能由你本人或者家人亲自完成了。问题是：在一些一线城市，比如北京，上下班路上都要花 N 个小时，哪怕能节约 20 分钟看会书也是好的。

缺点：干衣机使用时间较长，和洗碗机一样，估计家里有老人的会碎碎念。

小区芳邻，作为多年的老用户，很热心地给了使用心得：

①大部分衣服都可以烘，原来说羊毛、羊绒的不可以烘干，但据她说烘了也没事，可能因为大部分都做了预缩处理吧。

②3~5 件衣服 40 分钟能干透，推荐买大容量的，会更省力、省能源。

③衣服拿出来软软的，平整、没死褶、没鼓包，毛巾松软，省了柔软剂。

方法五：晾衣架

既然说到了晾衣服，肯定要说一下晾衣架。

这里面有个前提，就是通常很多人的做法是洗完衣服，不到需要穿的时候是不去拿或者收衣服的，像我闺蜜那么勤快的人真的不多。

从我个人的使用经验来看，不推荐升降型晾衣架。

首先，升降型使用不方便，每次升起来、降下去好麻烦，特别是用了两三年之后，很容易出小故障。

其次，安装位置通常都会在客厅阳台的中心，使得客厅的阳光被大面积遮挡，虽说衣服晒太阳很重要，但看着乱七八糟的一堆衣服也很闹心。

最后，升降款设计的初衷可能是想利用天花板下面的空间，但问题是，安装之后，底部的空间其实也不能干啥了，因为你总要留出能站着挂衣服的地儿。倒是可以坐在下面，但脑袋上一堆衣服也不舒服。走路也得小心以免被衣服碰到。

与其每次费力升起来、降下去，还不如直接用折叠晾衣架呢。比如：

上墙式的，一个不够可以多来几个。

落地式的，对于年纪大的人很友好，双层的也有。

20　小家也能装下"大块头"

童话的结尾总是"公主和王子一起过上了幸福的生活",从来没人告诉我们后来怎么样了。节日也是如此,我其实一直好奇,每年万圣节、圣诞节、新年和春节用的东西大家平时都收到哪里了呢?

读过《怦然心动的人生整理魔法》的朋友都知道,近藤女士把物品分成衣服、书籍、文件、小物品和纪念品五大类。但她没有说过一年就用一两次的东西怎么收。比如说,行李箱、圣诞树、夏天的电风扇、冬天的电暖气、空气净化器等这几个"大块头"。它们真的就像鸡肋一样,收着很占地方,扔了吧,一年又总有那么几天需要用上。

下面我们就来聊聊这个话题。

比斩草除根更狠的规划法

金星姐姐说过一句名言"人不犯我,我不犯人。人若犯我,礼让三分;人再犯我,斩草除根。"

比斩草除根更狠的就是,压根不种草。说笑了,其实就是一句话"如非必要,不增实物"。也就是说,一个东西,特别是一个体积大于一台笔记本电脑的东西,进门之前大家务必要三思而后行。

如果确实是思之再三,还是真的需要。那还有一招就是尽量不落地。比如说,空气净化器每个房间摆一个,还不如直接上一个全屋新风省地儿。再比如说，家家都有的暖气片，真不如地暖舒服，节约出来的墙面空间可以留着摆放家具。担心地暖漏水的朋友，可能忘了暖气片的水管也是在地下走的了。当然地暖这个需要装修前弄好，实在不行也可以在有需要的地方铺一块电热地暖垫。

一举多得的吊扇灯

还有就是经过实践，我发现，吊扇比落地扇更有利于空气流通。如果用了吊扇灯，更是一举两得。

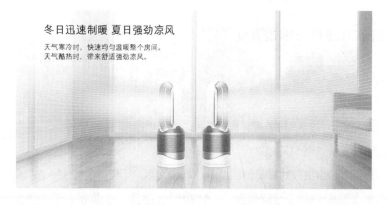

戴森（Dyson）家还有冷暖两用的无叶风扇，一个风扇能用两个季节，就是价格太"辣"手。

行李箱也是如此，与其像俄罗斯套娃一样各种尺寸都买一个占地儿，还不如想想自己一般出的是长差还是短差。

短差尽量不带箱子，如果确实需要就带一个20寸登机箱。多年出差旅行的血汗教训就是只有自己是最可靠的，因为航班常不准点，行李也是如此。有一次我就生生在机场等了两个小时，只因为工作人员把我的行李给安排到了下一个航班，所以，电脑贵重物品还是自己随身带着最保险。如果出行时间较长，无非也就是衣服带得多点，再有个28寸的箱子也能搞定了，毕竟衣服还是可以洗的。

之前去国外都会带一个或者买一个最大号箱子去血拼。各种衣服、护肤品、彩妆、吃的统统买买买。它们有的不错，也有的会放过期。现在随着各种海淘、海外购的发展，感觉也不需要"爆买"了。需要什么少买一点，反正总有亲朋好友出去帮你"人肉"。这样，最大行李箱的用处就不大了。

不整不知道，一整吓一跳

很多人，包括我自己，其实整理之前并不知道自己家里有多少大件物品。当时只是随手一放，时间长了就忘记了。

以我自己为例，N 年前第一次整理阳台，光烤箱就整理出来 3 个，有自己买的，也有朋友送的，关键是一个都不好用。因为烘焙用的烤箱至少需要能调节温度，这仨一个都不行，最后全部送走，然后买了一个新的。那次还整理出一台不能制冷的冷气扇，查了一下买的时候几百元，想找人修一下上门费就得两百元，当即决定扔了买个新的。

有空的时候整理一下家里的大件东西吧，几乎 99% 的家里都有功能重复的物件，可以选择一个好的、真正需要的留下来。

收纳有方法

如果说这些大件物品的最佳去处，当属储藏室了。没有储藏室也没关系，自己找个地方弄一个储藏柜总可以吧。

敲黑板划重点：储藏室也好，储藏柜也罢，不是用来放别的物品的，而是放这些一年用一两次的季节性物品以及合理的备品的。当然，有需要的朋友也可以用来收纳换季衣物。

由于储藏室（柜）主要收纳大件季节用品和备品的特点，决定了它最适合的是开放式收纳，如果是架子，高度最好可调节。

这就是传说中的架子，其中宜家的赫尼系列堪称物美价廉。

一个2平方米的储藏室，架子要是太贵就本末倒置了。所以，便宜好用才是首选。

宜家"赫尼+萨姆拉"

可以根据收纳物品的大小灵活调整搁架。比如，夏天的时候空气净化器用得少，为了将它放进去，我就把架子底下两层拆了。如果是一些体积小的物品，可以分类后收在透明的收纳盒里。

或者用万能的艾格特系列。

连运动器材都可以收得妥妥的。

　　储藏柜记得一定要先规划好放的东西再设计搁板。特别是固定式搁板，否则就会发生差那么一点点，行李箱就是塞不进去的悲剧。觉得乱也可以配个门或者配个帘子，眼不见为净。

　　一句话：做好规划，少增实物，巧妙收纳，"大块头"也装得下。

办公、出行篇

21　桌面无一物，工作更专注

办公室篇

通常来说，办公室的桌子款式是固定的，可供挑选的余地不大。但如果提前可以规划，建议：

①尺寸：办公桌的尺寸不要过小，1米以上的宽度比较合理。因为要摆放电脑、鼠标、记事本，小的话时间长了会让人感觉很难受。

②空间：这个空间特指腿部空间，因为不同的办公桌有不同的设计，记得选比较适合腿部活动的。特别是桌腿，比如圆的就比方的好一些，因为不小心碰到了后者真的很疼。

③储物：办公用品、文件、个人用的东西都需要有地方存放，所以办公桌一定要有储物功能。没有储物功能的办公桌都是纸老虎，实在没有这个功能的话，还是建议自己配一个小柜子，对于提升办公效率大有帮助。

④其他：如果能预留电线孔就是加分项，如果是可以升降的办公桌就更完美了，坐累了站着办公不但可以缓解疲劳还能避免过劳肥这种"工伤"。

这个办公桌符合以上前三条的要求，价格也只有719元，是我之前创业的时候用的。

SOHO篇

自从开始专门从事整理，我就变成了 SOHO 一族。后来发现在家办公的人还挺多，对于 SOHO 一族，使用频率最高的办公家具肯定也是书桌。

之前我入手了一个宽度看上去很迷你的电脑桌，放在卧室的窗前写稿。这个书桌麻雀虽小，五脏俱全，不但设计了一个小抽屉装文具，侧面的设计还可以隐藏电源线。

桌面无物

桌面无物有什么好处？答：

①工作效率更高：桌面无物，空间就更大，工作更方便。

②清洁更方便：因为桌面无物，所以随手一擦就非常干净。

③视觉更清爽：看着心情超好。

那么，如何做到桌面无物？

首先，你要认可桌面无物是收纳的最高境界并为之努力。

其次，通过彻底的整理处理掉无用的杂乱物品。

最后，通过规划，使所有的物品有地儿可放。

一般进入办公室的流程为：脱外套—放包包—打开电脑—打水—处理邮件。

①外套：脱下后放到衣柜或者挂衣架上，最不济也可以放到椅子背上。

②包包：如果地柜下面有足够的空间或者抽屉可以容纳包包最好，也可以使用包包挂钩把它悬挂起来。最不济也可以放在地上，如果嫌脏可以配个小盒子隔离一下细菌。

③水杯：到茶水间清洗一下，接了水回到座位上放在伸手可及的位置。

④电脑：使用时放在桌面，下班后锁在抽屉里面或者背回家接着加班。

⑤记事本和笔：处理方法同电脑一样。

⑥文件：在抽屉中分类存放，使用完归位。尽量朝无纸化方向努力，需要留存的合同和文件分类存放于文件夹中锁好。

⑦文具：在抽屉中分类存放，使用完归位。

⑧票据：报销用的发票和收据用专门的票据夹分类收好，及时或定期报销。

综上，为了实现办公桌桌面无物，我们需要一个抽屉柜，分别能容纳文具、文件和个人物品如包包、水杯等。如果工作需要，文件较多，可以增加文件柜。

抽屉柜规划整理篇

有了办公桌，接下来我们来聊聊它的"好搭档"抽屉柜。

第一层通常放文具。推荐使用9.9元的安东尼收纳盒，只要尺寸合适就没问题。剪刀、笔、胶棒、胶带、胶水、订书器等小物品可以分类放好，方便取用。

第二层放个人用品，包括茶叶、护手霜、纸巾等私人用品。

第三层高度比较高，可以放文件，记得把文件分类收纳，可进一步提高工作效率。

如果有包，也可以放在第三层，女士的包包、男士的电脑包什么的丢在办公桌上既不安全，也会让办公桌看起来凌乱。

电线管理篇

桌面上的物品如果只留下电脑、鼠标、记事本、水杯，之后还可以进一步对电线进行管理。推荐使用无线鼠标

和无线键盘，静音版的鼠标简直用起来太顺手了。无线除了使桌面更清爽之外，携带也更方便，还减少了因为线碰到水杯引发的一系列悲剧。

很多电源插头都很不人性地设在了座位下方，推荐用接线板将电源插头升级到桌面上，这样就不用每天锻炼老腰了。如果觉得插座太乱，也可以使用安全的电线收纳盒。

或者想办法把电线收纳在桌面下，注意避开腿部。

22　五分钟包包整理术

五步整理法，五分钟搞定钱包

>>

五步整理法又出现了，还记得是哪五步吗？

对！就是"平铺、整理、分类、计算、归位"。现在用这种方法来整理一下钱包。

第一步：平铺

首先，把钱包里的东西都拿出来，平铺在桌面上，拍一张照片看看是不是真的有必要随身携带这么多东西。

第二步：整理

现在电子支付已经很方便，比如北京，除了极少数地方需要用现金之外（例如地铁站交通卡充值），绝大多数地方都支持微信或者支付宝支付，此外，几乎所有银行的储蓄卡也都支持无卡取款。为了防止万一，你可以随身带一张最常用的信用卡，其余卡放在家里备用。

公交卡、身份证需要随身携带。比如北京经常会在地铁抽检身份证，出差、办公事也会用到。

当天的票据当天整理，该留的留，该扔的扔。

第三步：分类

整理后的物品分为卡证和现金两大类。

第四步：计算

因为最后只需要带两张卡证、几张名片和一些现金，我立刻决定放弃原来的大钱包。特别是联想到之前在地铁上遭遇扒手，另一个长款钱包被盗的遭遇，放弃的决心就更迫切了。大钱包似乎是在对小偷说：快来偷我呀……好在里面没有多少现金，损失不大，但补办各种证件和银行卡真的好麻烦。

第五步：归位

从上到下，从里到外，依次放名片、身份证、现金和信用卡。

以后出门带一个名片包就可以了。

这点东西只需要一个小钱包即可装下，第一个念头是"可以买个新钱包"！第二个念头是"在现有的包里找"。结果，发现一个名片包实际上就够了，体积也只是大钱包的三分之一。

先规划后整理，五分钟搞定背包

自从给钱包"瘦身"之后，我决定给背包也减个"肥"。我一直特别羡慕出门带一个小包的人，特别是有了宝宝之后，出门一度要带一个巨大的妈咪包，就连现在也会常常背一个大包出门，闺蜜送的可爱小背包一直闲置。说到方法，还是我一直强调的"先规划后整理"，我们先来看看你每天真正需要随身携带的东西都有哪些吧。

我不知道你的包里有多少东西是基于"不怕一万就怕万一"的心理装进去的。我曾经一度出门都带着一个创可贴，但实际上带了两年也没用上一次，而且现在便利店到处都是，买起来也很方便。相信我，这个"万一"有可能一万年都不会用上。

仔细考虑了一下，其实一定要每天随身携带的不外乎下面这六种。

①手机：移动支付时代来临，就是不带钱包也不能不带手机。

②充电小家族：随身带手机，相应的充电宝和数据线也就必不可少。或许等到无线充电普及以后，这个子项也可以取消了。

③钱包：这里说到的钱包不是长款大钱包，而是我在上面讲到的瘦身之后的小钱包。毕竟身份证是要装在里面的，如果开车的话，还是有一些停车场需要使用现金结算的。

④钥匙：包括办公室的钥匙 / 小区的门禁卡 / 家里的钥匙。我把家里的大门换成了密码锁，现在每天出门带个门禁卡就行了。

⑤纸巾：擦手、擦嘴、擦脸……讲卫生的我们随身都会带一包。

⑥美妆类：每个人的清单不一样，但北京干燥，所以润唇膏和护手霜肯定要有。此外，还可以带一支口红和一把小梳子。

由于每日带的东西不多，除了手机、手表之外，其他物品如图。钱包右侧是一个卡片包，装了门禁卡和一把钥匙。

其他东西，为了便于寻找，就被放入无印良品的网眼收纳袋里，一眼就能看到。所以每天出门只需要拿这三个包就可以了。

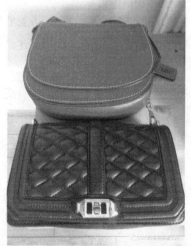

背的包直接从珑骧（LONGCHAMP）大号换成小背包，休闲场合背红色的，其余时间一个黑色背包搞定。

随着场合不同而增加的随身物品

很多朋友肯定会问，可是还有很多别的东西怎么办？别急，看下面。

除了每天必须带的物品之外，还有几种特殊情况要带的东西。

工作：电脑、记事本、笔、名片（夹），这几样必不可少。但也都可以放在一个电脑包里。

特殊天气：伞、墨镜、防霾口罩。

特殊场合：看病带医保卡、取现金带银行卡或者无卡取款。

特殊时期：女士用品，装在黑色的无印良品包里（下图左下角）。

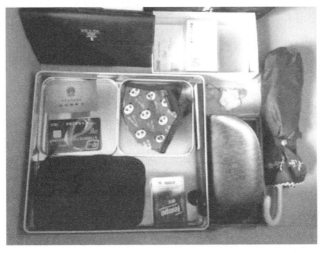

我把以上这些物品都放在玄关的抽屉里，每天出门打开，根据当天行程、天气来拿取，非常方便。纸巾也会在这里放备品，便于随时补充。

23 一学就会的行李打包法

旅行计划

对于那些经常来一场说走就走旅行的人，我一向是万分敬佩的。可能是工作的习惯已经深深地植入了我的生活，对于旅行，我一向也是提前至少三个月到半年做计划的。确定目的地，研究攻略，确定行程，预订机票、酒店，然后至少提前2周开始准备物品。

因为每次出门我们都是一家四口，我、团子、爸爸和姥姥，所以我们是标准的上有老下有小，需要带的物品也是异常繁多。为此，我制订了物品清单，提前打印出来，最后还会打钩确认。

说一下旅行物品规划的原则，首先是查看一下目的地的天气情况。然后看行程的天数，基本上衣服会根据天数+1来带，多带的一件衣服，春夏是薄的防风雨小外套，秋冬是超薄羽绒服。这两种衣服折叠起来体积都很小，也很轻，却可以应对夏季冻死人的空调和秋冬骤降的气温以及小风小雨。如果是特别热的地方，衣服的数量也可以适当增加。

这里特别说一下，很多人觉得牛仔裤很适合出门穿。个人觉得还是要区分情况，如果是从早到晚不停步的话，还是运动裤或者棉质的裤子更适合。曾经就有小伙伴穿牛仔裤暴走一天后发生了腿被磨蓝的悲剧。

内衣内裤、袜子也是根据天数+1来带。

鞋基本上会穿一双健步鞋，适于长时间走路。如果是去海边，还会带一双不怕水的洞洞鞋。如果去爬山，再带登山鞋好了。不过因为是老少游，我们的目的地一般都选择适合"逛吃"的。

一般出门也都会带一把轻便的晴雨两用伞，有备无患。

接下来是洗漱用品，也是根据目的地去准备。如果酒店配置还可以，像拖鞋、牙膏、牙刷、浴巾什么的可以不带。洗完脸可以用纸巾代替毛巾，但护肤用的东西还是要带，洗面奶、水、精华、护肤霜外加防晒霜。

小朋友的东西要单独带，因为很多大人的东西他们不能用，好在娃一天天长大，东西也可以越带越少了。

规划篇

以暑假带小朋友去海边度假为例。以下（第198页）是我自己做的旅行物品规划表，内容是小朋友的物品，按衣、食、住、洗、玩、用六类列了明细，最后两列是确认用的，为了防止漏拿，检查了两次。

说明：
①先看天气，当时周末三天天气都是21~29℃，多云有阵雨。
②然后衣服 = 出行天数 +1，特别是小朋友，玩沙子很容易弄脏，夏天衣服轻薄多带 2 套也不会占地儿。

									备注	检查1	检查2
衣	1	T恤		3套							
	2	外裤		4套		长裤2					
	3	睡衣		2套							
	4	帽子		1	防晒帽				戴着		
	5	袜子		3							
	6	外套		1	蓝色防雨外套				背包		
	7	鞋		1		洞洞鞋					
	8	拖鞋		1	蓝色拖鞋						
食	9	零食		1袋	坚果	棒棒糖	饼干		背包		
	10	手口巾		1					背包		
	11	水壶		1					背包		
	12	面巾纸		1					背包		
住	13	小凉被		1	蓝色						
洗	14	皂									
	15	纱布巾		1							
	16	牙膏		1							
	17	牙刷		1							
	18	牙杯		1	橘红色						
	19	小面巾		1	蓝色						
	20	防晒霜		1个	安耐晒蓝色				背包		
玩	21	玩具	书	2	恐龙传奇	丁丁历险记					
	22		游泳	4	泳衣	泳裤	泳帽	泳镜			
	23		挖沙	3	小车	铲子	小桶				
	24		其他								
用	25	药	腹泻		益生菌	思密达	口服补盐液				
	26		感冒		体温计	感冒药	退烧药				
	27		外伤		碘伏	邦迪					
	28		蚊虫		驱蚊液	驱蚊器	无比滴				

③因为去海边，防晒帽＋洞洞鞋是标配。

④海边能挖沙，酒店能游泳，所以相关装备都拿着，尽量拿轻便的，回程可以适当丢弃或者寄回家。

⑤药品：夏季多蚊虫又容易得腹泻，酒店离市区比较远，所以带点药有备无患。

至于自己的物品，就完全从简了（见下表）。除了一定要带着金瓶安耐晒之外，电子类产品居然很多，单是数据线就有三种，iPhone、iWatch 和安卓口的充电宝。

			位置	检查1	检查2
衣	外穿类	风、雨衣	背包衣物袋		
		上衣	衣物包		
		裤子	衣物包		
	内穿类	内衣	内衣包		
		内裤	内衣包		
		睡衣	内衣包		
	鞋类	洞洞鞋	穿着		
		拖鞋	鞋包		
用	护肤类	洗面奶	洗漱包		
		眼霜	洗漱包		
		面霜	洗漱包		
		牙膏	洗漱包		
		牙刷	洗漱包		
		洗发水	洗漱包		
		隔离、防晒霜	背包化妆品		
		护手霜	背包化妆品		
	电子类	iPad	背包		
		笔记本		×	×
		电影、电视剧		×	×
		充电器	收纳包		
		充电线	收纳包		
		iWatch 线	收纳包		
		电源	收纳包		
		耳机	收纳包		
		充电宝	背包		
		充电宝线	背包		
	其他	伞	背包		
		帽	背包		
		眼镜	背包		
		药	药品袋		

整理篇

然后照方抓药，不不不，按表拿物。

三个要点：

①轻便：因为只去三天，所以所有东西尽量少拿。本着以上要点，舍弃了小朋友的小凉毯、拖鞋、牙杯和小面巾，牙杯可以用水瓶代替，擦脸可以上面巾纸或者纱布巾。

②适合度假风格的衣服：比如各种条纹 T 恤、无印良品家的白色动物 T 恤。

③一物多用：伞拿一把防紫外线的，海边太阳估计会很猛列，万一下雨也能用。大人孩子都拿一件小外套，小雨能穿，降温或者进空调房间有总比没有强。一把牙刷全家人都能用，这个之后会解释。

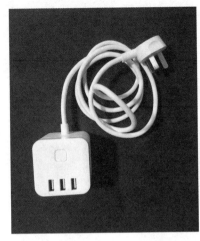

现在每天要给iPhone充电、给充电器充电、给iPad充电，之前出门发现到处找插头很不方便，于是准备带这么一个能顶三个的。

收纳篇

把所有需要带的物品整理好之后，开始收纳。

首先找出收纳袋，然后把相关物品逐一装进去。以小朋友的为例：

第一大类就是衣服：4条裤子、4条内裤、4件T恤、2件睡衣加2双袜子。

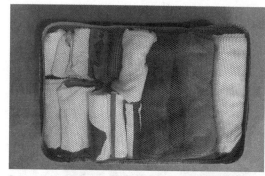

然后收纳在无印良品
的衣物袋里,好找。

前面说的有简单防雨功能的小外套,应付降温或者空调低的情况,收在装羽绒服
的收纳袋里,方便好找。

鞋子就两双,穿着一双洞洞鞋、拿一双拖
鞋。酒店的拖鞋一般小朋友都穿不了,太大
了。(最后还是舍弃了,就一双洞洞鞋潇洒
走一回了)

第二大类是随身携带的物
品,考虑到各种情况,预备
了坚果、饼干和小零食。加
上夏季水瓶、手口巾和小外
套都装在企鹅背包里,让小
朋友自己背着。

重点说一下这个夏季水壶，秋冬时拿一个爆款的小狮子水壶到处"撞"壶，但夏天不用保温再背那么沉的实在不甘心，想买个驼峰水壶，结果发现本来100元的水壶现在统统200元了。最后15元在宜家买了一个，容量600毫升，装杯凉开水轻便出门，而且丢了也不会心疼。

第三大类是住和洗，住就带一条薄薄的小凉毯，因为酒店估计不会提供。（最后还是舍弃了，因为一个人带娃出门，行李要轻才是王道）

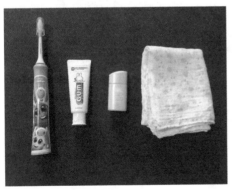

洗护的东西牙膏是必须带的，因为大人的牙膏味道小朋友不接受，防晒是安耐晒婴儿的，再带一条超轻的纱布巾，洗完澡、洗完脸都可以擦擦。

牙刷虽然有点大，但妈妈只要换个刷头就能用，所以带一把也可以。要是全家出门，一人带一个牙刷头就搞定，当然刷头要贴标签，免得弄错。

洗护的4件东西收到防水的小袋子里，没有袋子的用透明收纳袋也可以。

第四类：酒店有泳池，也有儿童戏水的地方，所以带着泳衣套装，顺便解决防晒问题。

妈妈也带了泳衣、泳帽和沙滩裙，一起装在速比涛（Speedo）的袋子里。

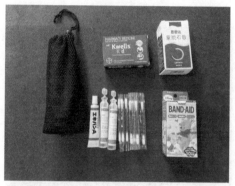

第五类：出门在外就怕小朋友不舒服，所以带了一些必备品。体温计、晕车药、腹泻药、对付外伤的液体创可贴、生理盐水、碘伏棒和邦迪。

必备品统统收在红色麦昆的袋子里。

还有就是听说蚊子特别多，所以带了驱蚊器、驱蚊水和无比滴应对。

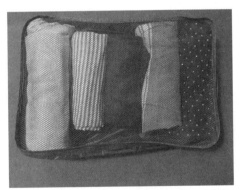

为了节约空间，妈妈这次就带了两条裙子、两件T恤、一条裤子，还有几件贴身衣物，就收在一个小袋子里了。

玩的部分除了铲子、小桶还有一个水球，是之前获过年度玩具大奖的产品。

接上水龙头瞬间就能做出三十多个水球，一套能出一百个，正好三个孩子一人一个，准备到时候在玩水区域开战。

最终，所有的东西都被装在一个 20 寸登机箱里面。再加上妈妈和宝宝各一个背包，这样就可以出门了。

总结：做好规划之后，整理收纳就很容易了。

①袋子有专用：尽量把同类物品集中收纳在一个袋子中，这样找东西会很方便。

②宁少勿多：反正不是去撒哈拉沙漠，少带点行李就能多点力气玩。

③收纳工具：推荐无印良品的各种收纳袋，十分好用，当然价格也是十分"不菲"，不过本着"不买则已，要买就满意"的精神还是入手了。

如果没有现成的收纳袋，用各种尺寸的透明收纳袋也完全没问题，感觉找东西会更方便，虽然小贵，但可以用好多次，密封之后也干净卫生。

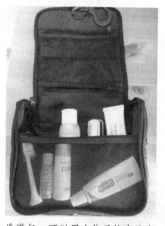

洗漱包，可以用小钩子挂在浴室毛巾杆上。里面还有橡皮筋可以固定洗漱用品，真是很人性的设计。前面透明小袋装小东西很方便，看到我的牙刷头了吧。

高性价比的透明收纳袋。

附录　和宜家创始人学老前整理

听到宜家创始人坎普拉德去世的消息，作为宜家的骨灰粉，心里还真是有点难过。十几年前，我因工作调动一个人来到北京，心情低落的时候，朋友带我到宜家逛了一下，对于家的向往让我瞬间被疗愈了。后来从和我先生在北京安家到成为一名整理师，宜家对我的生活和工作都产生了深远的影响。不过坎普拉德白手起家，创建了宜家这个商业帝国，给无数人带来了"家"，也是很棒的一生。

斯人已逝，我们除了缅怀也做不了什么了。但坎普拉德未雨绸缪，提前做好的老前整理却非常值得我们学习。

老前整理是什么

"老前整理"也叫"生前整理"，是近年在日本流行的一个新词。一般是指一个人到了退休年纪就开始对自己的财产和物品进行合理规划，去世时不给子女和他人留负担的做法。最初针对的是老年人，现在有很多年轻人也开始学习，并和自己的父母一起整理。

坦白来讲，作为一个中国人，特别是一个上有老下有小的中国人，我第一次听到生（老）前整理这个词是很排斥的，总觉得不太吉利。但做了规划整理专家之后，慢慢接受了这个概念。世事无常，如果凡事提早规划，无论是自己还是家人，到时都会更从容一些。而且回忆起生孩子之前，其实自己也做过类似的事情。在进医院待产之前，我花时间整理了一下自己的资产，提前交代给我先生。当然，后来一切都还顺利，但现在想想这么做还是很有必要的。

老前整理的内容

根据资料显示，老前整理主要包括以下几部分内容。

①财务规划：仔细记录重要财产，包括房屋、保险、存款等。可以提前预留丧葬费用。

②医疗：如果到生命末期，要选择哪种治疗方式。

③衣服：穿的衣服、鞋子等。

④通知：想通知的人姓名、地址、联系方式以及不想通知的人的姓名。

⑤葬礼安排：仪式、规模、布置情况、墓地。

感觉有点沉重吧，我们来看看宜家老爷子是如何进行生（老）前整理的。

宜家创始人的老前整理

很多家族逃脱不了"富不过三代"的魔咒，为此老爷子也一早开始筹谋。最重要的当然是为了保护宜家这个巨大的商业帝国。

首先是税，众所周知，瑞典的税非常高，遗产税更是天文数字。为此，早在20世纪70年代，老爷子就把公司转移到了荷兰。

其次是控制权，据说经过非常复杂的架构设计，老爷子让宜家处于家族的绝对控制之下，任何外人包括政府都无法插手。

最后是接班人，大儿子彼得被称为"经济学家"，二儿子约纳斯是"创意设计师和产品研发师"，小儿子马赛厄斯喜欢商业和全球化。老爷子的三个儿子行事低调，没有更多的资料，但相信时间最终会证明一切。

至于房子、车子、衣服，老爷子是个众所周知的"抠门儿"老头。房子虽然在瑞士洛桑湖边，但据说他是等到该小区快售完时以最优惠价格买下的尾房；车子是一辆20年不变的老款沃尔沃；衣服方面，他曾经向媒体透露过他的衣服都来自二手店，感觉他老人家一早就在进行生前整理了。

怪老头的"废物"公寓

看完了老爷子高瞻远瞩的生（老）前整理，我们来看一个相反案例。

不知道大家还记不记得，《老友记》里面有一集，讲的是住在他们楼下的怪老头去世之后，莫妮卡他们帮他整理遗物的事。

电视剧《老友记》画面截图

Rachel 表示"她从来没有见过这么多废物"。

最后，他们六个人收拾了好久，才把公寓清空。

电视剧《老友记》画面截图

让只有几面之缘的陌生人来帮自己收拾后事这种事，也只有怪老头干得出来吧。这些"废物"如果能够早清理，相信对自己、对他人应该都更方便。

断舍离最难的是什么？离

天天都说断舍离，我知道你们天天说也做不到。"断舍"我现在基本做到了，不买、不收取不需要之物，舍弃不用之物。但"离"是指脱离对物质的追求，我正在修炼。

我在文章里写过，培养健康的爱好是脱离买买买魔咒的一个好办法。现在看来，还需要更多的追求精神层面的东西才行。

以宜家老爷子为例，虽然宜家声明说他不是世界首富，但他也应该是个世界级富豪。这个富豪可与众不同，他住一幢小房子，穿着二手衣服，出门的话，飞机一定是经济舱，火车一定是二等座，开的车是一辆二十多年的沃尔沃。那他的钱都花哪里去了？

慈善！他的慈善基金会已经超过了比尔盖茨的，是世界上最大的慈善基金会。他做起好事来，一点都不抠门。2013年基金会就发放了9亿元帮助儿童。此外，随便翻翻宜家官网，都能看到他们 N 个慈善项目。2017年他们帮助菲律宾儿童、帮助叙利亚难民营、帮助罗兴亚儿童、帮助印度女性经济独立……绝对是造福全人类。老爷子真的是一个脱离了低级趣味的人。

使用期限

如果我们能够客观地把人体看作一部机器的话，就会明白，人也是有"使用期限"的。老爷子活到91岁，作为人类来讲，他得享高寿，"使用期限"够长。

大家会不会觉得，使用期限应该是食品、药品才有的吧。那其他物品呢？买衣服、买包包的时候大家都觉得这件衣服我可以穿好多年，这个包包我可以用一辈子。但真的是这样吗？一件衣服，姑且不说人是否能十几年身材没变化，也不论这衣服式样有多经典不过时，只要是衣服，穿的时候难免会有汗渍、有污渍吧，穿过几年，不管你多么小心，难免还是会有洗不掉的痕迹。如果穿的次数多，磨损、起球等问题也是不可避免的。我姥姥曾经给我留下一件丝绒的旗袍，颜色做工都很好，可惜岁月把丝绒磨损了，无法再穿。包包也是一样，香奈儿（Chanel）的小羊皮包，只要你用几次就会磨损。其实任何包包，只要你经常使用，就不太可能背十年依旧如新，更不要说一辈子了。房子也是一样，十年前，入住新房，处处锃光瓦亮。十年后，屋顶漏水、暖气上方乌黑、地板裂缝。一句话，万事万物都是有使用期限的，过时、不用的东西就像"前男友"一样，一定要从生活中请走。否则，你走之后，还要麻烦别人来处理它们。

宜早不宜迟

作为从善如流的行动派，我决定尽早开始自己的老（生）前整理，计划在近期抽出一天规划和整理，并做好记录。

财务方面，约谈财务顾问，为自己未来的医疗、养老、子女的教育金做好规划。

生活方面，特别赞同一句话，人活到极致一定是素与简。

首先，我的衣服已经渐渐趋向极简，去年一年买的衣服连披肩一共才10件。其中5件高频使用，2件已经送人。

饮食方面，有烘焙小助理（就是我儿子小团子），未来会花多点时间教他煲汤、炒菜。至少以后他自己一个人生活不会饿着。

住的方面，以后条件合适，会把房子换小。改天可以单写一篇"为什么整理师都不喜欢大房子"。

出行方面，家里有一辆很老但状况良好的小车子，我们决定只要还能开就先不换。以后家里附近的地铁开通，出行会更便利和环保。

未来的消费会倾向于教育、旅行、亲朋等方面。时间流逝能带走一切，但带不走和亲人朋友一起共度的美好时光。